女生成长必知

方 婷·编著

吉林文史出版社

图书在版编目（CIP）数据

女生成长必知 / 方婷编著. —长春：吉林文史出版社，2017.5

ISBN 978-7-5472-4321-3

Ⅰ. ①女… Ⅱ. ①方… Ⅲ. ①女性心理学—通俗读物
Ⅳ. ①B844.5-49

中国版本图书馆CIP数据核字（2017）第140207号

女生成长必知
Nüsheng Chengzhang Bizhi

编　　著：方　婷

责任编辑：李相梅

责任校对：赵丹瑜

出版发行：吉林文史出版社（长春市人民大街4646号）

印　　刷：永清县晔盛亚胶印有限公司印刷

开　　本：720mm×1000mm　1/16

印　　张：12

字　　数：129千字

标准书号：ISBN 978-7-5472-4321-3

版　　次：2017年10月第1版

印　　次：2017年10月第1次

定　　价：35.80元

目 录

CONTENTS

叛逆是青春期前期的主题

　　无意中，如锦发现有人偷看了她的日记。她的日记其实没有什么不能示人的内容，但她的心里突然就涌起了一阵激愤，觉得偷看日记的人没有尊重她，还有谁会看呢？除了她自己，就剩下爸爸妈妈了。想到这里，如锦恨不得马上去找他们理论，但她抑制住了自己的冲动，因为她突然意识到，这是青春期在"作祟"。

　　在18岁以前，女孩子都会进入青春期。而即将步入或刚刚步入青春期的女孩子，身体和心理都处于成长的过程中。当她们开始懂得为他人着想时，有人说她们长大了；当她们赌气而离家出走，做了出格的事时，有人说她们开始叛逆了，其实她们每个人的心中都存在着一些关于青春的疑惑和烦恼。

　　有一次，如锦听妈妈和隔壁的凌阿姨在外面的葡萄架下聊天，内容都是关于她们孩子的。

凌阿姨说："做家长的最大难处是，你以为跨过了一个难关，前面又有一条更难的路要你闯。孩子呱呱落地，不会动，不会说，不懂吃，不懂拉，一个不小心错了手，随时会扭断脖子，看漏一眼，被子蒙过头又会窒息身亡……小心翼翼含辛茹苦把他们拉扯长大，以为过了一关，谁知爬爬走走的日子原来更累人。等到终于可以吃顿饭了，不用边吃饭边喝止孩子别敲碗、敲碟、拉桌布了，又轮到另一个难关——孩子的青春期开始了。"

如锦这才知道，在他们大人的眼中，进入青春期的孩子们脸色特别难看，对一切都看不顺眼，包括父母和老师。因此，当她的日记被偷看后，她清楚地明白自己的冲动源于青春期。

确实，被束缚了13年后，女孩们迫不及待地要成长，要独立，要自主，于是觉得父母有些唠叨，但迫于他们的威严又不得不听，渐渐学会了左耳朵进右耳朵出，也有人选择了极端的逃避方式——离家出走。叛逆每个人都有，只是程度有所不同。女孩们自己不知道，情绪起伏的一个原因是体内荷尔蒙导致的。而无辜的父母和老师，只不过是做了荷尔蒙的替罪羊。等到女孩们慢慢过了青春期，就会发现，其实父母和老师也不是那么落伍，那么愚蠢，那么不可理喻，那么面目可憎。

然而，正处在青春期中的女孩们是不会思考那么多的，在这段时期里，她们有迷茫、有猖狂、有无知、有倔强、有着比成年人还要多的烦恼，还要多的想法。青春期，本该一如既往乖巧的女孩们，学会了逃学、学会了违逆、学会了喝酒抽烟、学会了攀比、学会了心机、学会了不该有的坏习惯。这都源于女孩们对青春期这个时期的不了解，以致她们猝不及防地被青春期撞弯了腰。青春期是人生的黄金季节，也是人生观、世界观、价值观逐步形成的关键时期，女孩们只有了解青春期，才能顺利渡过这一关。

即使是名人，在青春期时也都有过许多叛逆的逸事。那些看似乖巧、憨厚的明星们其实都有过大家意想不到的叛逆期举动，年少轻狂的他们与如今荧幕上的形象相距甚远，他们在叛逆期的那些出位举动也许会让人吃惊或哭笑不得。

一向沉默寡言的梁朝伟给人的印象总是忧郁、内向，但没想到少年时的他也是别人眼中的"坏小孩"。那时候的他不求上进、任性又孩子气，还曾穿鼻环，打耳洞，颇有江湖小混混儿的味道，与如今温文尔雅的形象大相径庭。

舒淇从小家庭贫困，是典型的叛逆女，经常在学校里打架。关于童年，舒淇记得的就是父母拿着棒子在后面追她跑。十来岁，舒淇就数次离家出走，直至被学校开除。

有人会说，你看，名人的青春期和我们普通人一样，所以我叛逆是没错的。真的是这样吗？我们应该思考，在大人眼中脸色难看的我们只能这样脸色难看下去，然后招人烦，然后争吵，最后做出一些出格的举动让彼此都难过吗？我们更应该从大人的角度来深切地感受大人的心情。不管爸爸妈妈偷看日记也好，唠叨也好，都是关心我们，为我们好。我们一味地把青春期带来的影响都责怪到父母头上是对的吗？我们的青春谁做主？不是上帝，也不是父母老师，只能是我们自己。因此，我们可以和父母心平气和地交谈，哪怕争辩，真理并不总掌握在他们手里，但我们没有必要耍酷而去刻意伤害、刺激甚至和他们冷战，因为总有一天我们会幡然醒悟，世上还有谁爱你能像他们那般一无所求？我们也可以和老师探讨、沟通，因为老师的天职并不仅是教给我们新知，还要帮助我们发现并塑造那个潜在自我的天性，所以不要为了反对而反对，那只是一种单薄而幼稚的姿态罢了。

　　叛逆是青春期前期的主题，刺伤别人的同时，也会刺伤自己。青春期总会过去，但唯一的青春期也就此消逝了，所以我们是应该微笑着愉快地度过这唯一的青春期，还是以叛逆惹人厌的姿态凌驾于青春期之上？不管青春期的影响有多么严重，我们都该学着放弃叛逆，学会成长，即便青春期是一段如病似狂的日子，也会给我们留下值得回忆的美丽印记。

青葱岁月里的情窦初开

一次家庭大扫除，叶馨翻出了一封尘封已久的信，这是一封写完却没有寄出去的信：

你最近过得好吗？

还会因为喜欢扮帅而去穿很少的衣服吗？

还会像以前一样喜欢睡觉吗？

还会像关心我那样关心你身边的女孩儿吗？

我很感谢我的生命里曾经遇到你，尽管傻傻的我们曾经因为青葱岁月里的一丝懵懂，而错过了对方，但是我们从之前的陌生到后来成为挚友，我就已经很满足了。

记得看到琼瑶小说改编的电视剧里那一段段惊世骇俗的爱情时，自己也情不自禁地想象着自己未来的爱情。能和我谈一次恋爱的人是什么样的人呢？能和我策马扬鞭潇潇洒洒到天涯的人在

11

哪里呢？小小的年纪却不想敲开了内心的情窦。

随着自己的成长，进入青春期的我时常会思考：什么是爱情？爱情又是什么滋味呢？懵懂的我在无数次地自问中开始研究爱情的命题。看着隔壁班级的帅哥，我好像略有点儿动心，难道这就是爱情吗？我又一次问了问自己，但爱情没有给我答案。

直到高一的某一天，你在我放学的路上突然塞到我口袋里一封信，之后什么也没说撒腿就跑了。当我打开后才发现，是席慕容的《一棵开花的树》，我想你应该是表达对我的爱慕之情吧？这是第一次我感觉到有人在喜欢我，难道这就是爱情吗？自己又画了一个大大的问号。之后你每天都站在我上学放学必经的一棵大树下面等我。默默地陪我上学，默默地陪我放学回家。一开始我不置可否，但你风雨无阻的执着精神感动了我，我答应和你先做个好朋友，或许我是想找寻爱情真正的含义吧？

渐渐地，我习惯了有你在身边。你陪伴在我的左右，关心着我的生活，关心着我的学习，关心着我的一切。你就好像一棵大树，时刻保护着我，跟你在一起什么都可以安心地放手不管，什么都可以放心地交给你去办。高一的那一整年，我出现的地方总有你的身影，你也总能带给我惊喜，那段时光仿佛是一段奇幻旅程，我也渐渐体会到，跟你在一起的感觉尽管平淡，却是十分美好的，尽管没有华丽的激情，却有着许多朴实的浪漫。

你经常不吃午饭，把钱攒下来给我买礼物，给我买英语参考书；带我去女孩子不敢进的游戏厅玩街霸；尽管我们天天见面，但你坚持写信给我，不需要多么缱绻的话语，可能只是一段细腻的文字，或者是一首清丽的诗词。为了解决你的午饭问题，我背着妈妈偷偷带两个人的盒饭，我们常常在那棵大树下面大快朵颐，饭粒都粘在了彼此的脸上……

那段时光真的很美好，美好得仿若不曾发生过。高一过去后，你告诉我，你父母公派出国，你也必须转学跟着去。我还记得那时你哀伤的表情，我也记得那时我心痛的感觉，一抽一抽地痛，这是爱情吗？我不清楚。

出国后的你，仍然坚持写信给我。我也写了很多封回信，但这些信一直握在手里，犹豫再三，终究没有寄出去，成为箱底的住客。当我翻阅曾经你给我写的信，细细阅读，体会你握笔的姿势，蹙眉的样子，每句话、每个字都是当时最完整的你。这段懵懂而朦胧的感情就这样无疾而终了。今天你在哪里我不知道，但我会永远珍惜记忆中那个一直美好的你。

妈妈问叶馨："这些信没用了还留着？"叶馨看着手里的信笑了。其实很多东西现在都没用了，留着信的目的只有一个：记住那时彼此互相激励，共同进步，为追求远大理想和实现人生价值而努力的样子，时刻鞭策自己努力前进，无关爱情。

在青葱岁月里，每个女孩儿都有过情窦初开的经历，然而未成年的我们不会清楚爱情的真谛。或许曾经跟某个男孩儿关系密切至极，但那其实仅仅是一份真挚的友谊。在浪漫的影视剧和唯美的言情小说里，恋爱是一件很美的事情，但是这件事不应该在学习的黄金季节发生。我们正在学习，生活不允许我们做出关于爱情的许诺，我们应该选择放弃。就像叶馨那封寄不出去的信一样，把这种刚刚发芽的美好情感深藏心里，变为促进自己前进的动力，而后的日子里，回忆它将给平淡的生活增添一份精彩。

青春期的暗恋

有人说暗恋像月光，总带着一丝忧愁，就算曾经拥有浪漫的情怀也夹杂着伤痛。黄晓明在他的《暗恋》专辑里唱道："没有得到，也就不害怕失去，没有开始，也就不会有结束……"这是一种不会有结束的情感，这种刺痛会带到你人生的每一个阶段，从你选择暗恋开始。所以有人说，暗恋是浪费青春，暗恋是无形的伤痛，暗恋让人痛苦难受，暗恋是隐形的毒药。

但伊菡不这样认为。

他，长得很好看，学习成绩名列前茅，大多数女生都喜欢围着他转。班主任也拿他当个宝儿，每次开家长会，都会看到班主任和他妈妈聊上半天，多数都是夸他的话。他没有班草的名号，却有班草的地位。这样一个优秀的男孩儿，就是伊菡暗恋的对象。

青春年少时，每个人都有那么一两个暗恋的人吧。他们也许很优秀、很幽默、很帅气，做事也很认真、很专一，全身围绕着各种优秀的光环。

那次班会进行到高潮的时候，不知是谁提议，让他上台唱首歌。他大大方方地上去了，并且唱得极好，获得了热烈的掌声。

回家后，伊菡翻到那首歌的原唱，仔细地听了很多遍，感觉他唱得比原唱还好听。如果说一开始对他还没有什么想法，但听了他的歌声之后，感觉这个人实在是上帝的宠儿——样貌好，成绩好，连唱歌的天赋都是高于常人的，从此心里便留下他的影子。

有女生和他说笑，他谈笑风生，伊菡十分羡慕那个女生，因为伊菡比较内向，做不到自然地与他交谈，只能默默地观察他的一举一动。

伊菡喜欢这样风趣的他。

有一阵子，他总爱跟伊菡借眼镜布擦眼镜，伊菡故作气恼地问他，为何不用自己的眼镜布？他吐了吐舌头说："你这块是鹿皮的，更好用。"伊菡表面装着无语，心里却觉得十分甜蜜。

伊菡喜欢这样调皮的他。

一次调座，伊菡最好的朋友调成了他的同桌，伊菡中午便常借口跟好友一起吃饭而坐到他的座位上去，仿佛这样便离他很近。一到中午开饭，他就会离开座位去和别人一起吃，把座位让出来给伊菡，对她的"鸠占鹊巢"从未表示过异议，即使伊菡故意拖延很久才离开。

伊菡喜欢这样有风度的他。

有个女生画漫画人物特别好看，画日本流行动漫尤为拿手，经典动漫人物如《灌篮高手》里的樱木花道画得栩栩如生。他让女生画了一张樱木花道半身像，然后用剪子沿人物边线剪下来，贴在了自己的前襟上。伊菡注意到他开心的表情，只恨会画画的不是自己，不然就可以多一个贴近他的理由。

少女情怀总是诗。每个夜晚临睡前，伊菡总是喜欢在黑夜里幻想他。幻想的梦境里他是男主角，他和伊菡一起在野外踏青，风吹过伊菡的长发，轻舞飞扬，草帽随风飘走，他笨拙地去追草帽，不小心摔倒在青青草地上，索性席地而坐，开口唱起"青春少年是样样红，你是主人翁，要雨得雨要风得风……"而伊菡便坐在他身边发出银铃般的笑声，笑声与歌声随风到天涯海角去旅行……从那以后，伊菡制订了一个"暗恋计划"。

这就是伊菡暗恋的故事，或许也是每个人曾经在青春里拥有过的故事。想知道伊菡的"暗恋计划"效果如何？最终她和他在一起了吗？答案是：没有。

凡事都有利有弊。家长们一致认为暗恋对于学生来说是大大的弊，而伊菡制订的计划却是积极地把暗恋的能量转换成大大的利。伊菡的暗恋没有影响她的学习成绩，因为她正确理性地控制住了自己的情感，不让它影响自己的生活和学习。这次暗恋在许多方面反而使伊菡迅速地成长，可以说是一件有趣的事。她总结了自己在这次暗恋中制订计划后的收获：

1.会随时注意他，从而提高自己的观察能力；2.会幻想与他在一起的情景，从而丰富了想象力；3.会不停地在心里组织与他面对面时的语言，语言能力大大提高；4.开始注意仪容，注重仪表，使自己经常容光焕发地展示出最好的一面；5.开始晨练，增强体质，以便体育课时能获得佳绩，从而吸引他的目光；6.想方设法打听他的一切，因此广交朋友，人气指数飞速提升；7.同时会考虑不好的一面，比如被他发现她的暗恋及反应，并准备勇敢接受，使自制力增强；8.会不断自我打气，使胆量自信心增强；9.会抓住每一个能与他相遇的时刻，时间观念增强；10.更加努力学习。因为暗恋的他是一个学习成绩优秀的三好学生，努力学习可以考个好成绩，得到他的青睐和关注。

伊菡把这些"收获"说给好友听，好友目瞪口呆。但事实证明，伊菡确实为此而变得优秀了。为了暗恋这件事，伊菡付出了许多努力和情感，但她不求回报，她不会对他表白。伊菡不希望自己的暗恋成为彼此的负担，也清楚暗恋说出来会影响生活和学习。伊菡更喜欢自己和他现在的距离，不远不近，可以偶尔聊个天，便已足够。有些东西秘而不宣，比捅破那层窗户纸会好得多。这样学生时代的暗恋在以后就可以成为最美丽的回忆。

青涩的少女时代，暗恋的初衷或许不由自己做主，既然每个人或多或少都会有暗恋的经历，那么，只要女孩们把这种特别的情感处理好，把心态放端正，健康积极地面对暗恋，暗恋就不是一件坏事，比如伊菡的故事。

确定一个十年目标

周迅，著名女演员、歌手、环保人士、巴黎国际电影节影后，主演多部热门电视剧，获得国内影视界和观众广泛肯定，被观众封为中国"四大花旦"之一。其后她主演过多部很有影响力的电影，如《如果·爱》《李米的猜想》《风声》等，并获16个最佳女主角、两个最佳女配角大奖。至此，周迅成为华语电影界中第一位包揽海峡两岸最高电影奖项影后桂冠的人。

周迅曾写过一篇励志小文，名为《想想十年后的自己》，里面提到一件对她未来的演艺事业影响颇深的事。

某天，教周迅专业课的赵老师突然找她谈话："周迅，你能告诉我你对于未来的打算吗？"

周迅愣住了。她不明白老师怎么突然问她如此严肃的问题，更不知道该怎么回答。

老师问她："现在的生活你满意吗？"周迅摇摇头。

老师笑了："不满意的话证明你还有救。你现在就想想，十年以后你会是什么样？"

老师的话音很轻，但是落在周迅心里却变得很沉重。她脑海里顿时开始风起云涌。沉默许久，她看着老师的眼睛，忽然很坚定地说："我希望十年后的自己成为最好的女演员，同时可以发行一张属于自己的音乐专辑。"

老师问她："你确定了吗？"

周迅慢慢地咬紧着嘴唇回答："是的。"而且拉了很长的音。

老师接着说："好，既然你确定了，我们就把这个目标倒着算回来。十年以后，你28岁，那时你是一个红透半边天的大明星，同时出了一张专辑。

那么你27岁的时候，除了接拍各种名导演的戏以外，一定还要有一个完整的音乐作品，可以拿给很多很多的唱片公司听，对不对？

25岁的时候，在演艺事业上你就要不断进行学习和思考。另外在音乐方面一定要有很棒的作品开始录音了。

23岁就必须接受各种培训和训练，包括音乐上和肢体上的。

20岁的时候就要开始作曲、作词。在演戏方面就要接拍大一点的角色了。"

老师的话说得很轻松，但是周迅却感到一阵恐惧。这样推下来，她应该马上着手为自己的理想做准备了，可是她现在却什么都不会，什么都没想过，仍然为小丫鬟、小舞女之类的角色沾沾自喜。周迅觉得有一种强大的压力忽然朝自己袭来。

当老师对周迅说了这样一番话后，周迅意识到，自己对人生缺少规划，散漫而且混乱。她不知道自己要过什么样的生活，也不清楚要实现什么样的目标，只知道得过且过，过一天算一天。从此，她将老师的话深深地刻在了心底，她开始向十年后的自己的目标努力奋斗。后来，就有了大家熟知的影后，而不是那个一直演配角的小丫鬟、小舞女。

那么，我们是不是也应该像周迅一样想想十年后的自己呢？

人的一生能有几个十年？"花开堪折直须折，莫待无花空折枝。"好多事情，只要是正确的，我们都应该抓紧时间去做，不要等着一个又一个十年白白地过去。其实我们每个人都该好好思考一下十年后的自己要成为什么样的人，要达到什么目标，这十年里我们该如何做，做些什么，才能不负光阴的流逝，才能对得起这宝贵的时间和仅有的青春。如果我们努力了，一定会像周迅一样慢慢地尝到成功的快乐，而不是到了老年以后感叹为何年轻时不积极努力、拖拖拉拉地浪费时间，以致光阴白白浪费掉。

在18岁以前就获得成功的人里，有不少人并不像普通人那样，在父母的安排和老师的呵护下，按部就班地上幼儿园、小学、初中、高中，然后上大学，大学毕业后再考虑要找什么样的工作。他们在18岁以前就规划好自己的人生，确定了未来要达到的目标，然后积极地去行动。被动的我们却因为总是习惯依赖他人，没有提前规划自己的生活，得过且过，而尝到这一切带来的苦果，最后离自己的梦想越来越远。所以，好好规划自己的人生，确定一个十年的目标，在学习之余，向着这个目标努力前进。等完成这一阶段的目标后，再确定下一个目标，一步一个脚印。最后，想知道努力的自己会变成什么样吗？用周迅的话说："其实你也和我一样。"如果你能及时地问自己一句："十年后我会怎么样？"你会发现，你的人生就会在不知不觉中发生变化。时刻想着十年后的自己，你会朝着自己的梦想越走越近。

梦想却是彩色青春里最美丽的一笔

我有一个美丽的愿望

长大以后能播种太阳

……

也许最早让景澜想拥有的一个梦想，就是幼儿园老师教的这首儿歌《种太阳》。歌词简单生动，给当时每个孩子的心里都种入了一个暖暖的太阳、一个长大以后种太阳的梦想。可是稍微长大一些，景澜发现，种太阳固然是一个美丽的梦想，但这样的梦想只是美好的愿望罢了，并不是实实在在对她有帮助的梦想，种太阳的梦想让她仰望天空，但她首先更需要脚踏实地。遥不可及的梦想只能称为幻想。

于是，景澜陷入了迷茫。

当景澜渐渐地长大，知识面越来越广，想法多了，梦想也开始多了。

从小，父母和老师就教育她"有志者，事竟成"，她也坚信凡事只要努力一定会成功，于是她为自己的每一个梦想而拼搏努力。景澜以为自己做到了最好，问心无愧地告诉梦想"我已为你努力拼搏了"，然而在下一秒她就发现自己离梦想依然很遥远，即使不愿相信，却是事实。她告诉自己"阳光总在风雨后"，可一次次的失败已让她怀疑自己的能力，挫败感也油然而生。她不知道该怎么排解这种无助的感觉，她的脑袋里面一团乱麻，甚至一度影响了学习。最后景澜放弃了梦想这个难缠的问题，只是每天吃饭、读书、睡觉，像个陀螺一样地乱转，过着简单平淡的生活。她的心里渐渐空泛起来，所有曾经的梦想都变成了空想，所有曾经对梦想的热情都化为轻烟。

有一天，当飞行员的舅舅兴致勃勃地打电话邀请景澜去看飞行表演，舅舅说，还可以带景澜上飞机体会一次翱翔在蓝天的感觉。

就在下面的高楼大厦变得像火柴盒、人像蚂蚁一样大小的时候，坐在旁边的舅舅对景澜说："你的爸爸妈妈很担心你，"然后接着说，"我想起一个有关飞机的故事，你想听吗？"

"一百多年前，一位穷苦的牧羊人带着两个幼小的儿子替别人放羊为生。有一天，他们赶着羊来到一个山坡上，一群大雁鸣叫着从他们头顶飞过，并很快消失在远方。大儿子眨着眼睛羡慕地说：'要是我也能像大雁那样飞起来就好了。'小儿子也说：'要是能做一只会飞的大雁该多好啊！这样就能飞到天堂，去找

我们的妈妈了！'

牧羊人听到这话，低头沉默了一会儿，然后对他的两个儿子说：'只要你们有信念，你们也能够飞起来。'两个儿子连忙开始试验，用力挥动手臂，却没能飞起来，他们便用怀疑的目光看着父亲。牧羊人说：'让我飞给你们看。'于是他张开双臂，也用力挥动起来，可还是没能飞起来。但是，牧羊人依然肯定地说：'我飞不起来是因为年纪太大了。你们还小，只要不断努力，将来就一定能飞起来，去自己想去的地方。'两个儿子牢牢地记住了父亲的话，并且一直为这个梦想而努力着。1903年12月17日那天，哥哥36岁、弟弟32岁时，他们俩果然成功地飞起来了，因为他们成功地发明了飞机。

这两个人就是美国的莱特兄弟。"

讲完故事，舅舅对景澜说："世上有三样东西是别人抢不走的：一是吃进胃里的东西，二是藏在心中的梦想，三是读进大脑里的书。为生存果腹，为生存的意义而梦想，为梦想落地而读书。因此，景澜，你在18岁以前至少要拥有一个梦想，这样才无愧于自己的青春。没有梦想的青春，宛如没有花开的春天。春天没有了花开，便失去了全部的五彩斑斓；青春失去了梦想，就遗失了生生不息、为之奋斗的印记。青春要靠梦想来点缀。"

景澜一下子明白了舅舅邀请她来体验飞翔的良苦用心。父母真的是孩子一生的导师，他们早就看出纠结于梦想的景澜对生活和梦想心存迷惑，于是借着舅舅有飞行表演的机会来开导她，让她心中存有信念，拥有梦想，这样才能过得更加有意义，未来才能更加精彩。

"谢谢，我的亲人们。"景澜心里默默地想。

从此，景澜开始更加努力地学习，锁定一个梦想并为之努力。因为实现梦想，前提就是好好读书。景澜坚信，只要不停地努力并且坚持下去，每个人的梦想终究会成为现实。

当电视上身穿白色公主裙、坐在秋千上的章子怡开始讲述关于梦想的小故事时，景澜对梦想又加深了一层体会，实现梦想有两步：一是拥有一个梦想，二是为了实现梦想去行动，并坚持下去。

章子怡并没有过多地讲述自己的明星事业，而是讲了一个自己小小的故事。章子怡说，当她第一次参加国际电影节的时候，因为语言沟通的不畅，让她无法与来自世界各地的电影人顺畅交流，也无法表达自己对电影的看法与感受。她说："那时候，我真的很难过，因为我知道我丢掉了很多交流和学习的机会。就在那一刻，失落和难过的时候，我有了一个梦想：我希望有一天，我要用流利的英语和世界上所有热爱电影的人自由地分享我的感受，去交流看过电影的感受，交流电影带来的快乐，还有我们共同的电影梦想。"这个梦想，让章子怡下定决心去学好英语。她还给现场的孩子们布置了一个小作业，希望在场的孩子们能够"用你们最美丽的色彩，画出你们的梦想"！

是啊，青春本已美丽，梦想却是彩色青春里最美丽的一笔，梦想，不应该是想想就算了，付诸行动的梦想，才是有价值的梦想。我们每个人都至少要拥有一个有价值的梦想，这样才无愧于青春，无愧于成长。

培养自立自强

在我们的人生当中，终究会遇到一件既让人觉得很容易又做起来很难的事情，那就是我们经常从父母口中听到的两个字"自立"。

凌玥最近看了一本旅行游记，一口气读完后，唯一的感想是非常羡慕作者拥有独自上路、勇闯天涯的那种气魄。传记里有很多景和物的照片，其中温馨的细节和大气的风景深深震撼了凌玥的心灵，但最让她佩服的是，作者是个女孩儿。

网上有人说：不知道为什么，独自出行的女孩儿好像比男孩儿多，是因为女孩儿更有勇气，还是男孩儿更害怕孤独呢？

凌玥想了想，决定把这个问题扔给作为一家之主的爸爸。

爸爸单手摸着下巴说："这个问题我不清楚，不过我觉得嘛……女孩子一个人上路，可以积累很多和别人相处的小经验，能够体味许多琐碎的、细节的、感性的东西，增长见识，为未来的人生之路拓宽心灵的视野。如果和同伴一起去，固然可以相互陪伴，相互扶持，体会同甘苦共患难的感觉，但和一个人去的意义是完全不同的。一个人去旅行，是一个能够锻炼自立能力的好机会。"

凌玥"奸笑"道："那您是同意我自己去旅行喽？"

爸爸拍着额头说："为什么我有上当的感觉……"

略施小计，妈妈也"被"同意让凌玥一个人去旅行一次。

父母是伟大的。要知道，做父母的谁能放得下手让在他们眼中尚且年幼的孩子孤身去旅行？凌玥是勇敢的。从未旅行过的凌玥，最远只去过农村，还是父母带她去亲戚家串门。凌玥也是幸运的，能够在18岁成年之前去旅行一次，亲身体验那些从没看过从未听过的事物，意义非凡。要知道，成年之后的视野又是另一番景象。有句话说："不入虎穴，焉得虎子。"凌玥下定决心一定要亲身去尝试一下，才能知道自己的能力所及。

一个人的旅行，需要提前做很多准备。第一要准备的当然是时间。暑期，照例是属于凌玥独有的时光，在繁忙的学期结束之后，一边旅行一边看书，这样美好的事情，大概也只有在暑期才能实现吧。第二要准备的就是找好旅行的目的地。虽然我们国家长期受儒家思想的熏陶，教育我们"父母在，不远游"，但是父母这次真是开明得过头，两人不知道什么时候就敲定了，要凌玥独自前往国外增长见识。原来自从凌玥有了要出游的想法，他们就找了相关的书籍来看，发现许多外国孩子都会利用假期打工赚取旅游的盘缠，然后三五成群地去旅游，不但锻炼了自立的能力，还锻炼了生存的能力。借着凌玥有独自出游的勇气，他们欣然地决定把凌玥也培养成外国那种自立自强的孩子。

凌玥不由得偷偷冒了些冷汗。

提出旅游是她看了游记以后一时冲动的结果，还没有爸妈考虑得那么长远。她想锻炼自己，考查自己的能力，不希望一到假期，除了上上补习班、兴趣班，就只剩下吃好喝好、逛街、上网和玩游戏。未来是很遥远的事情，凌玥还没想到那么多，但她很赞同父母的想法，也很高兴他们对自己的孩子有这么高的期望，这说明她很优秀、很值得父母信赖嘛。凌玥在心里偷偷地自恋一番以后，决心尽全力去完成父母对她的期望，也努力让这次旅行画上完美的句号。

当凌玥的签证、护照等一系列手续统统办下来以后，旅游团也确定了。"离家出走"的那天风和日丽。爸爸妈妈只是在沙发上向凌玥挥了挥手，她便独自踏上了"征程"。

欧洲，电视上给凌玥的印象是——很多高高尖顶的中世纪教堂、皑皑白雪覆盖下的阿尔卑斯雪山和碧蓝清澈的多瑙河清波融合在一起，就像一幅油画。

真到了欧洲以后她才体会到，那些有文化底蕴、历史悠久的城市的确如一幅油画，却是一幅十分有真实感的立体油画。

导游说，想寻找浪漫就去巴黎，想品味古典就去罗马，想看过去就到希腊，想感受热情就去西班牙，想冷点就去挪威，想体会大学生活就到英国，想体验民族风情就去俄罗斯。

　　这次欧洲之旅简直是让人大开眼界、叹为观止，凌玥就像刘姥姥初次到了大观园，一路下来目不暇接，心里一直有"新奇""壮丽""漂亮""精致""古典"等词语不断冒泡，简直是给心灵的世界开了一个大大的天窗，豁然开朗啊。

　　随着"轰隆隆"的飞机起飞声，下一班次的飞机载着许多游客奔向另一趟梦幻之旅。

　　凌玥的旅行虽然结束了，但是旅行带给她的美好永远不会消失。

　　凌玥在日记中写道："旅游使我开阔了眼界，洗涤了心境。它会一直留在我的心中，教我体会生活的美好，对生命充满热情，教我凡事都要拓宽视野，不拘泥于狭窄的天地。读万卷书不如行万里路。有时候，一个人的旅行不是去证明自己征服了什么，而是接受自我内心的召唤和灵魂的导引上路。在路上，蓝天白云、青山绿水是自己的朋友，一路的风景让自己的眼睛得到享受，让自己的心灵得到洗涤，让自己的灵魂得到升华。"

拥有进取心

老师在例行班会上讲了一件关于她大学同学的事，让所有同学都大吃一惊，惊诧于原来还有这样的人和事存在，惊诧于大家竟然身在福中不知福。

老师的大学同学出生于一个非常贫穷的小山村。

贫穷到什么程度？老师说，他们一家人只有一条被子，被子的宽度有限，总有一个人会盖不到。只有一套衣服，谁出门就给谁穿。村子四周全是高山，孩子们如果想上学就得出山，想要出山就要爬过一道高高的陡峭的险峰——这是村子与外界连通的唯一的路。村民们花了很多年的时间在险峰上搭了一条木梯，以便人们出山。一次下大雪，有个孩子从那条窄窄的不怎么结实的木梯上滑下来，摔成了重伤。

几十年来，老师的同学是村里唯一考上大学的孩子，他离开村子准备去大学报到的那天，村里人七拼八凑，才拿出一套像样儿的衣服给他当作贺礼。

这位同学到了大学以后勤工俭学，周一到周五每天早晨5点就起来，到学校的教学楼进行勤工助学的洒扫工作；晚上到饭店当钟点工——刷盘子、洗碗、择菜；休息日跑到很远的地方去做家教。大学四年来，他一直穿着朴素，冬天仅有一件羽绒服，还是大学同学凑份子送他的生日礼物，夏天即使天气再热，也舍不得掏钱买一根冰棍儿吃……现在这位同学已经考上了博士，真是给他们村的父老乡亲争光。

回家后杨绮把这事跟妈妈说了。

她说："我不太能体会这种穷苦的生活是什么滋味，因为我生下来就是个小公主。如果我处在他那个环境中，也许会像其他孩子一样平庸一辈子吧，我吃不了那种苦。"

妈妈马上教育她："绮绮，很多人身在福中不知福，你要通过这件事有所感悟，很多人都没有像你这样拥有优越的生活条件。贫困山区的孩子很难吃上一顿饱饭，水源紧缺的地区一辈子都洗不上几次澡，没有通电的地区到了晚上，蜡烛是他们唯一的光源，有的人一辈子都没见过电视的影子，更不用提玩电脑、用手机了。你能想象那是怎样一种情形吗？当你在肯德基、麦当劳里花上几十元甚至上百元大快朵颐的时候，他们也许只能吃上几毛钱的饭菜；当你在商场、精品店里大包小包购物的时候，他们也许已经有几年没有买新衣服了；当你计划着节假日去什么地方旅游的时候，他们也许正在为生活费奔波着……但很多穷人家的孩子却比富人的孩子更有出息，更能快速地出人头地，这是为什么？就是因为他们在窘困贫穷的环境下，也没有丢失进取心，所以，妈妈决定了，明天一天，你就作为一个穷人来体验一下贫困的生活吧。你不去亲身体会，是无法理解的。你有异议吗？有也不许提。"

杨绮一句话都没插进去，就被妈妈下了绝对命令，只好举双手无条件投降。

第二天是星期日，天还没亮，大约凌晨3点左右，妈妈就把杨绮摇醒了。

"快起来，我们要出发了。妈妈作为知识青年下乡的时候，天天都是这么早起来下地干活的。"妈妈"恶狠狠"地抱着双手站在床边瞪着杨绮。

杨绮艰难地睁开酸涩的眼皮，脑袋瓜里思考着"下地"是什么概念。想明白是去干农活时，杨绮无语了，这是在城里啊！自己家哪里有地呢？

妈妈不管三七二十一，像"周扒皮"一样把杨绮叫醒后，开车带她来到了一小时车程外的果园。

果园里硕果累累，正是收获时节，很多叔叔阿姨都在采摘果子，装筐准备运送到城里的批发市场去卖。

妈妈一声令下："帮忙。"杨绮就呼哧呼哧地干了起来，踩着高高的梯子，伸着小胳膊一直干到8点钟。腰酸背痛的她终于被妈妈带回了家。妈妈煮了一碗米粒很少的稀饭，配上一点咸菜给杨绮当早餐，还掏出一个特意晾得干巴巴的馒头算是加餐。

杨绮何曾吃过这样简陋的早餐？更不用提是在干了几个小时的体力活后。

吃完早饭，妈妈塞给她一块钱并说："今天你只有一块钱，中午饭不可以回家吃，你可以去找份临时工作来解决你的午餐问题。因为今天你是个穷人，很多穷人可能几天都吃不上一顿饭，仅靠凉水果腹，你已经吃了早餐，算是很幸福了。夕阳西下的时候，妈妈在家等你回来，希望能看到一个自力更生、获得进取心的你，而不是一个饥肠辘辘的你。"说完，妈妈亲了亲杨绮的脸颊把她"撵"出了家门。

杨绮耷拉着酸痛的胳膊徒步走了几里路到商业街，找了份发传单的活儿，烈日炎炎，可怜的她边发传单边喝着一块钱买来的矿泉水。等到传单发完，真的夕阳西下了。

虽然饥肠辘辘，但是手心里的三十块钱让杨绮的心里甜甜的，用这些钱去肯德基买了汉堡和可乐，汉堡吃起来却不如早上的干馒头松软可口，可乐不如早上的稀粥甘甜。

坐在台阶上看红红的夕阳，杨绮想，也许她明白了一些道理：体验一天穷人的生活，不是无聊，也不是作秀，而是为了获得一次内心的升华。贫穷本身并不可怕，可怕的是贫穷的思想以及认为自己命中注定贫穷。一旦有了贫穷的思想，就会丢失进取心，也就永远走不出失败的阴影。

勇敢走过弯路

芷蕾从不跟人夸口自己有多么优秀，但她的确是一个从幼儿园到初中一直在大人们的掌声和赞扬声中成长的优秀女孩儿。或许是因为一切太顺利了，她在这样的安逸环境中突然遇到压力便差点迷失了自己。

初中的前两年对同学们来说都很轻松，但到了初三便开始进入冲刺中考的准备阶段。老师说，在初三这样冲刺中考的紧张阶段，能否做到心理的良好调节，是同学们能否以最佳状态顺利获取高分的先决条件。因此，要注意调节好自己的心理状态，学习时注意不要疲劳过度，以免使自己进入身心俱疲时期。

芷蕾便是在这个节骨眼儿上放松了学习而迷恋上了看漫画。初三阶段紧锣密鼓地快节奏学习突然给她带来一些压力，她觉得很不适应。或许这就是老师说的身心俱疲时期吧，自己应该想办法调节心理，这样才能以最好地状态继续学习下去。于是，她便跟邻居家的姐姐讨教减压的方法。邻家姐姐借她几本漫画让她看看。没想到，从未接触过漫画的芷蕾一下子就跌进了漫画那时而魔幻、时而温馨、时而刺激、时而搞笑的虚拟世界里不能自拔。为此付出的代价是，她在年级的排名掉到了七十名左右。

芷蕾数不清有多少个夜晚是看漫画度过的。当模拟考试的排名公布的时候，芷蕾明白自己的处境，清楚自己不该再这样继续下去，但有些东西一旦上了瘾就很难戒掉，尤其芷蕾正处在缺少自制力的年龄段。为此，芷蕾焦虑、彷徨，学习成绩下降得更厉害了。

这时，班主任找她谈话了。她没有对芷蕾这一阶段的表现表示失望，只是和蔼地对她说："老师不认为你沉迷漫画是一件坏事，你现在处于自制力不足的年龄，这不是你的错，只要及时改正，一切都还来得及。人生就像一座山，这座山有两条路让你选择，一条是铺满石阶的宽敞大道，一条是崎岖蜿蜒的小路。在老师看来，你一直是优秀的学生，从未体验过什么是坎坷，而这次的迷失正好对磨炼你有帮助。你现在的处境正如这座山的两条路。走大路，或许可以早早地尝到胜利的果实，走弯路却可以磨炼自我，重塑自我。"

"有些名人甚至故意走弯路去磨炼自己。著名的主持人杨澜在自己的事业如日中天的时候，毅然放弃了大好的前程，她顶住了社会各方面的压力选择去外国求学。在求学的过程中，她遇到了困难，却从未放弃与后悔当初的选择，她的意志力如那参天的古木在风刀霜剑下仍未被摧毁。走弯路是人生的又一境界，只有走过弯路的人才会珍惜成功的喜悦。"

　　"你现在正处于这样一个走弯路的阶段。你一直是个优秀的孩子，只要你慢慢地走出这条弯路，你便能比走直路的人收获更多。"

　　芷蕾听了老师的教诲以后深深地领悟了其中的道理，当天晚上，她狠狠地哭了一场，毅然摆脱了漫画的诱惑，在学习上奋起直追，最后搭上了通往优秀高中的那班车。

　　几年后，拿到清华大学录取通知书的芷蕾暗暗地发誓，接下来她还要搭上通往研究生的班车，然后是博士班车、博士后班车。她感谢初中的班主任在她走上弯路的时候及时提醒了她，她也感谢那条弯路给她带来的一切。尽管她的人生曾经走过弯路，但这弯路激励着她在后来的道路上一直努力拼搏，不断进取，赢得了她理想中的人生。

　　人生的道路注定不可能一直平平坦坦、一帆风顺，不管我们愿意与否，都会与形形色色的弯路不期而遇。遇到弯路后，不要因为弯路的难走而选择自暴自弃，相反，勇敢地走下去或许能开辟出一条与众不同的路。走过弯路之后，我们可以从中培养坚定的意志、勇气和乐观的生活态度；从中体验到妙趣横生；从中感受到生活的真谛。我们在心理上会更坚强，思想上更成熟，看待事物的眼光更深远，内心变得更饱满而坚韧。

　　正如比尔·盖茨一样，他如果不是放弃了哈佛大学的学业，放弃了这条"直路"，走向"弯路"，就不会有"微软帝国"，就不会成为垄断世界首富宝座13年的人。

拥有一颗善良的心

"人之初，性本善，性相近，习相远……"依珞摇头晃脑地学着古人开始了今天的《三字经》背诵。

这个习惯已经保持多年。

很小的时候，妈妈就教育她："你一定要有一颗善良的心，这样你就拥有了世界上最大的财富。"依珞不是很明白这句话的含义。爸爸就买了《三字经》对她说："每天读一遍，或许你能有所体会。"念了许多遍，她都会背了，仍然不理解妈妈的话。

于是爸爸说，带你去一次孤儿院吧。

就有了一趟孤儿院的圣诞行。

那天是圣诞节，爸爸领着依珞买了一棵漂亮的圣诞树，还买了一些故事书、铅笔和糖块之类的零食，开车前往郊区的孤儿院。

一路上，爸爸一直说让依珞有个心理准备。

去孤儿院需要什么心理准备呢？依珞完全没在意爸爸的话，只感觉到兴奋。因为父母平时工作忙，而依珞是独生女，空闲之余没有玩伴，觉得有些孤独冷清。这次可以同很多小朋友一起过圣诞节，感觉很开心。

依珞想象着，在一个宽敞的大院子里，一棵挂着五彩灯和礼物盒的圣诞树立在院子里，上面覆盖着少许洁白的雪。一群活泼可爱的孩子，在老师的带领下正在快乐地做游戏或者堆雪人，或许他们没有钱，无法去上学，但他们精神富足，乐观开朗。

直到爸爸领着她进入这个看上去有些破败的二层小楼，她才感觉到，孤儿院不是幼儿园，没有她想象中那么简单。

一个看护老师非常亲切地接待了他们。她在前面带路，领他们去看依珞想象中那些可爱活泼的同龄小伙伴。

那栋小楼的走廊十分狭窄，转过弯，窄窄的楼道里挂满了尿布，味道有些难闻。依珞想，可能是婴儿比较多吧，可是接下来看到的情景彻底打碎了她的想象。

他们走进一个不大的屋子，里面竟然有二十多张床，孩子们几乎都躺在床上，能站起来的很少。看护老师说，他们大部分是公安部门捡到后送过来的，最大的有14岁，最小的只有一个月大。这些孩子基本都有残疾，大部分站不起来，只能每天躺在床上，更不用提生活自理了。很多孩子早都到了上学的年龄，但是身体上的严重残疾导致他们不得不一辈子躺在床上。他们不明白自己为什么不能上学，也不明白自己为什么站不起来，从很小的时候，他们就来到孤儿院，孤儿院就是他们唯一待过的天地，也是他们唯一知道的地方。

原来外面的尿布是他们的……依珞突然鼻子发酸，有些想哭。

跟孤儿院的这些孩子比起来，现在的依珞生活得太好了。有父母贴心地关怀和宠爱，有优越的生活和学习条件，无聊的时候对父母发发牢骚，想要什么的时候就撒撒娇，而这一切，都是孤儿院的孩子们目前所不能拥有的。

依珞再也没有来时的兴奋与幻想。尽管现实有些残忍地打碎了她的想象，但她坚强地把滚在眼眶里的泪花憋了回去。爸爸赞赏地看了她一眼。

依珞和爸爸一起把圣诞树摆好，在树上缠绕好一圈圈的星星彩灯，然后她把糖果和书本一个一个地递到每个孩子的手上。看着他们明亮而渴望些什么的大眼睛，依珞的鼻子又一阵阵地发酸。有了糖果和故事书，他们高兴地一起拍手唱起了欢乐圣诞歌。

依珞又去看了那个一个月大的孩子，还在襁褓中的她精神地望着他们，嘴角微微一笑，一眼看过去，非常美丽，像个小天使，完全看不出有病的样子。看护老师轻声地说，她有先天性心脏病，刚生下来就被父母遗弃在医院的厕所里了。只要有钱，这个病是可以治愈的。等治愈以后，就会有人领养她。那些能够治愈的孩子也会被人领养，而治愈以前，他们只能待在这里。

依珞征得看护老师的允许，抱了一下这个可爱的小生命，轻轻地哼唱了圣诞歌曲给她听，学着电视里妈妈抱孩子的样子，摇动了几下，孩子咯咯地开心大笑起来。依珞心里默默地说："圣诞老公公，我不想要什么圣诞礼物了，只希望她快些好起来，真心地希望这里所有的孩子都能好起来……"

经过这次孤儿院之行，依珞终于明白了《三字经》中的第一句"人之初，性本善"的含义。她不知道究竟是什么原因让一些父母失去了"善"，或许他们有苦衷，但他们抛弃的可是他们最亲的人啊！而当看护老师说社会上有很多好心人向孤儿院伸出援助之手时，她看到了人性善良的一面。人生中最宝贵的东西就是拥有一颗善心吧。如果人人都有一颗善心，或许会让一个垂死之人重获新生，或许会让一个即将毁灭的家庭重新看见幸福的阳光。

妈妈，依珞在心里默默地想，我终于明白您说的那句话的深刻含义了。我们不一定会因为赚很多的钱而富有，但我们可以因付出的善念而使心中富有。

培养属于自己的特长

当穆紫早晨喝粥发出呼噜噜的声音的时候，妈妈提醒她：吃饭不要发出声音，这是一个人用餐最基本的礼节；当穆紫躺在床上翘着二郎腿看小说的时候，妈妈提醒她：注意形象，女孩子要时刻保持优雅的姿态；当穆紫逛了一天街累得垮下肩膀的时候，妈妈提醒她："注意抬头挺胸走路，不管在家里还是外面，保持一个女孩儿应有的气质是对你自己负责任。"

穆紫对妈妈说："妈妈，我感觉你这是要培养进宫秀女的标准。"

穆紫跟妈妈开了个小玩笑。其实一个人长大后想要出众，就应该从小培养气质，这是毋庸置疑的。都说漂亮是天生的，气质却是可以培养的，而拥有一项特长却是显著提升气质的最佳捷径。

可是，培养什么特长好呢？

暑假穆紫报了小提琴班，学了几天感觉托着小提琴没有弹钢琴那样优雅、娴静，于是放弃了。

寒假报了钢琴班，弹了半个月，手指弹出了水泡，疼得直哭，又放弃了。

空闲时间，爸爸教穆紫写毛笔字，写着写着，觉得很枯燥，感觉写毛笔字更像是一把山羊胡的老学究才应该有的爱好，再次放弃了。

美术老师说穆紫有绘画天赋，让她跟他学水彩画，可是功课那么多，老师却让穆紫从基础学起，每次都让她画球、圆柱体和水果等静物素描，好无聊，什么时候才能画一幅美丽的风景呢？于是她以学业繁忙为由不学了……

某天，妈妈发飙了。妈妈对穆紫说："做什么都做不好，孺子不可教也。"

穆紫反驳她，自己不是不想练好，只是这些都不适合做她的特长！

妈妈递过来一本杂志，里面折好了一页，原来是福楼拜和莫泊桑的故事。

法国作家莫泊桑，很小便表现出了出众的聪明才智。一天，莫泊桑跟舅父去拜访他的好友——著名作家福楼拜。舅父想推荐福楼拜做莫泊桑的文学导师。可是，莫泊桑却骄傲地问福楼拜究竟会些什么，福楼拜反问莫泊桑会些什么，莫泊桑得意地说："我什么都会，只要你知道的，我就会。"

　　福楼拜不慌不忙地说："那好，你就先跟我说说你每天的学习情况吧。"莫泊桑自信地说："我上午用两个小时来读书写作，用另两个小时来弹钢琴，下午则用一个小时向邻居学习修理汽车，用三个小时来练习踢足球，晚上，我会去烧烤店学习怎样制作烧鹅，星期天则去乡下种菜。"说完后，莫泊桑得意地反问道："福楼拜先生，您每天的工作情况又是怎样的呢？"

　　福楼拜笑了笑说："我每天上午用四个小时来读书写作，下午用四个小时来读书写作，晚上，我还会用四个小时来读书写作。"莫泊桑不解地问："难道您就不会别的了吗？"福楼拜没有回答，而是接着问："你究竟有什么特长，比如有哪样事情你做得特别好的？"这下，莫泊桑答不上来了。于是他便问福楼拜："那么，您的特长又是什么呢？"福楼拜说："写作。"

　　原来特长便是专心地做一件事情。莫泊桑下决心拜福楼拜为文学导师，一心一意地读书写作，最终取得了丰硕的成果。

　　穆紫默默地放下杂志，两眼水汪汪地看着妈妈，用眼神告诉妈妈——她错了。

　　妈妈用一根手指戳了戳穆紫的额头，用眼神示意这是对她进行惩戒，然后教育她："特长不是越多越好，找到属于自己的特长很重要，然后专心地将之进行到底，就会有大的收获。像你那样，每样都学一点，每样都学不精，学得也不深入，怎么能知道哪个是适合你的特长呢？"名人舒尔茨在给他的孩子写的信中提到：一个人做自己擅长的事，脚踏实地是获取成功的一大法宝。每个人在年轻的时候都会立志，有的人想当科学家、发明家或者大文豪，个个看起来志向远大，皆为成大事者之梦。年轻人难免会"崇拜偶像"，希望找到学习的榜样，但不是每个人都能当科学家、发明家。培养一技之长，一步一步去累积自己的个人资料，才是迈向成功之路的要素之一。

也就是说，一个人成大事的方法在于：该花的心血一定要投入，该有的过程一定要经过。人生充满变数，一个人的成败与否，不单看他的资历，更重要的是看他的毅力。人应该有梦想，否则就失去了奋斗的目标与方向，但成大事者的条件必须日积月累地做好准备。你可以立志做大老板，做大文学家，但绝对不要躺在那里等待。发挥自己的特长，做自己最擅长的事，只有这样，才容易成功。

这回穆紫明白该怎样培养属于自己的特长了，大家也明白了吧？特长不是学来的，而是培养出来的。平时要多留心自己喜欢哪个领域，并持之以恒地坚持下去，这样才能培养出属于你自己的特长，并锻炼你的气质。

正确地认识缺陷

陈橙在学校因为一点琐事对好朋友大发雷霆，在家因为妈妈跟爸爸聊了几句工作上遇到的事而嫌妈妈唠叨。

在学校跟好朋友发完火不是不后悔，不是不想道歉，但话到嘴边硬是咽了下去，学校事件的烟雾还没消散，没想到回家后又莫名其妙跟妈妈发了火。晚上，陈橙躺在床上深深地自责，想着自己这是怎么了？无缘无故地发脾气，明明意识到自己的言行伤害了她们，却选择在内心极力地逃避，假装没有这回事儿，嘴上也不承认自己的错误。

其实这种事情不是一次两次了，以前也发生过，只是陈橙一直不愿意承认自己有错，每每结局都是朋友和家人包容她，然后不了了之。明明清楚是自己的错，却不愿意承认，这是性格上的一种缺陷。

　　或许我们每个人都有这种性格上的缺陷，但不愿意承认自己是个不完美的人。应该说，每个人都希望自己是个十全十美的人，但事实往往无情地打击了我们。每个人都是不完美的、有缺陷的。每个人都会犯错误，有时会伤害我们最亲近的人，有时会做出很糟糕的事，然而我们很难接受这个简单的事实。如果小时候不能很好地改正这个毛病，长大以后会成为一个多么糟糕的人呢？

　　陈橙懊恼地把她的想法竹筒倒豆子般说给老师听。老师耐心地听完，然后给她讲了一个大家从小都看过的故事：

　　《白雪公主》里的王后常常对着魔镜说：魔镜，魔镜，谁是世界上最美丽的女人？魔镜回答是王后。但是有一天，王后再问同样的问题时，答案却变成了白雪公主。王后勃然大怒，便派杀手去除掉白雪公主。显然，王后不能接受有人比她更完美，最后的结果是，她扭曲的嫉妒心理使她遭到了惩罚，她被雷劈死了。

　　讲完后，老师说，在这个世界上，每个人都有着不同的缺陷或不如意的事情，没有人能做到完美无瑕。

　　《白雪公主》是陈橙上幼儿园时就听妈妈讲过的故事，也是大家耳熟能详的故事。或许大家当时听完咯咯一笑，就忘到脑后了，从没思考这个故事想告诉大家的一些更深层的东西。由于不敢面对自身的缺陷，我们像故事里的王后一样拒不承认真实的、不完美的自我，相反，我们为自己设计了一个面具自我。这是一个理想化的自我，我们认为自己应当是这个样子的。比如，你刚刚遭到老师的批评，无论心情多么沮丧，当同学问起时，你却不假思索地说："我很好。"你刚刚在一次小考里得了第一名，无论心情多舒畅，当别人问起时，你还是轻描淡写地说："还好吧。"无论你实际上多么需要别人安慰、多么伤心，你都迫切地向自己和他人保证："我很棒，我很能干，我能胜任。"有人曾经说："小时候，我拼命表现，以求爸爸妈妈夸我是个'好孩子'。我希望自己显得聪明伶俐，好赢得爸爸妈妈的爱和赞许。这张面具一直跟随我许多年。"

陈橙由此意识到，当她对着同学和父母发脾气的时候，她的面具产生了裂痕，当她不能接受不完美的自己，否认自己有缺陷的时候，她的面具彻底地破碎了。

当我们否认自身的缺陷和自私时，我们陷入自我欺骗的误区——我们假装自己比真实的自己好，并且为自己找借口。"这不是我的错。"——当我们犯错误时，我们内心的童性立刻会做出这种反应。当一些不愉快的事情发生时，我们的内心反应很像这个故事的主角——地震发生了，一个小孩听到妈妈喊他出去，小孩立刻回答："妈妈，这不是我做的。"我们内心的童性担心，承认自己的缺陷就意味着我们一无是处、不可救药，就会导致爸爸妈妈的批评和否定。我们害怕别人的批评和否定，认为这是无法承受的。

闻名于世界的八大奇迹之一的古埃及金字塔，它的身旁卧着一位守护神：狮身人面像。人们对它再了解不过了。然而由于一些贪婪的不法分子为了个人私欲而用枪射击狮身人面像的头部，导致它的脸部出现缺陷。庆幸的是这种缺陷远距离欣赏时就会觉得它在微笑，并且它的笑如今已成为一种异样的美。

有时候缺陷会是一些人生命中的污点，然而要想让它成为生命中的亮点，就要正确地认识缺陷。倘若我们一味为自己的缺陷而伤心，而一蹶不振，那么缺陷在我们心里永远会成为污点，我们的生活也会因此而没有什么作为。反之，倘若我们以积极的观念去认识它，以顽强的毅力去改变它，以乐观的心态去接受它，那么缺陷就会成为我们生活中独特的美。接受不完美的自己，让缺陷成为生活中特别的亮点！

做菜能让我们成长

思想品德课老师给同学们留了一个特别的作业，那就是回家跟父母学一道拿手好菜，下一次上课的时候带来给她检查。

这个作业使雪岚体内做菜的细胞蠢蠢欲动。

其实很小的时候，雪岚就喜欢守着妈妈的灶台，看她把各种蔬菜从洗摘干净到入锅、炒熟，再端上桌子。妈妈做菜的过程很让人享受，她把那些五花八门的调料加上五颜六色的蔬菜放进锅中，只消一会儿，便如魔术般出来一盘盘色香味俱佳的佳肴，当雪岚和爸爸风卷残云般把那些东西消灭之后，尚且意犹未尽的表情总能让妈妈的笑脸如花般绽放。

妈妈单纯为父女的高兴而高兴，而雪岚和爸爸的高兴不仅是因为菜肴的精致和美味，还因为妈妈那份只要为了家人什么都肯付出的爱。

爸爸曾偷偷跟雪岚说，他和妈妈结婚那会儿，妈妈什么家务都不会做，更不用说做菜了。但是，妈妈为了丈夫和孩子，为了她爱的人，无视油锅里的油一次次溅到她莹白的手背上留下的疤痕，无视切菜的时候不小心割到手指的疼痛，硬是练出了一手好厨艺。

尽管雪岚年纪还小，但她明白了爸爸的话，懂得了妈妈的爱和无私的付出。因此，雪岚也想像妈妈一样做菜给她爱的人吃。

当雪岚提出要学做菜的时候，妈妈却死活不干。

她的理由很多："煤气灶你用不好容易爆炸、油溅到你手上很疼、你那小手能拿得住笔但拿不住菜刀、学习第一……"其实雪岚知道，妈妈还是习惯性地用她的羽翼来保护雪岚，总觉得她还小，什么都做不好，或者她认为有她在，无须雪岚做。但是雪岚真的很想为妈妈做一次菜，让她能感受到自己的那份心意。老师留的这个特别的作业成全了雪岚一直以来的心愿。

回家跟妈妈说了以后，妈妈无可奈何地教雪岚做起菜来。

对于做菜的程序，其实雪岚已经很熟悉了，然而真正做起来却并不轻松。

雪岚想起曾经看到的一个故事。一个女孩儿为了喜欢的男孩儿能吃到美味的菜而从一个做菜的"小白"发展到可以挑战西餐厅高级料理的大厨级人物。男孩儿从一开始吃她花了两个半小时做的扬州炒饭的感动到后来吃法国大餐的习以为常，从未去厨房看过她一眼。而某天他吃完饭以后，突然想帮女孩儿的忙，便跟着女孩儿进了厨房。

刚进入厨房，他便疑惑地问她："你要收拾多少东西？"女孩儿一边马不停蹄地放水把锅和碗泡起来，一边动手收拾土豆皮和胡萝卜皮残渣，把乱了次序的调料瓶重新排列成整齐的样子，一边说道："没什么啊，就锅和碗啊，还有砧板。"

男孩儿默默地帮她收拾，忽然他问她："每次做这些，你都很辛苦吧？"

女孩儿笑着回答："没什么啊，做出来我也是要吃的。"

男孩儿说："我又不是不知道你，你这么懒，怎么可能给自己做饭吃。以后别这么麻烦了，从准备材料到做起来，再到后面收拾厨房，太辛苦了，我之前没想这些，以后咱俩还是吃简单点吧，等我有空就带你出去吃好吃的。"

女孩儿似乎想起来，在最开始做扬州炒饭之前，她都是自己早晨起来煮一大锅杂粮粥，然后吃一整天，或者干脆去楼下的菜市场买熟食，根本没有哪一天会心血来潮要给自己做一顿丰盛的饭菜，然而为男孩儿做菜做了这么久，她竟从未感觉到辛苦。

当雪岚脑子里还在想着这个故事的结局时，她的糖醋排骨已经要准备出锅了。其实她和故事中的那个女孩儿一样，如果认为做菜这项工作是一个苦差事，皱着眉头苦着脸儿操刀，那就很容易一不小心就把自己的手指给切了；而当想着这锅中的菜肴是给自己爱的人享用的，那做的过程就不是受累，反而是一种享受了。

或许老师给同学们留这个特别的作业就是为了让他们能体会出这个特别的意义。

　　尽管做菜从头到尾都很琐碎，看起来简单实则不容易，做菜的过程就如同人生路上不断追求、不断摸索、不断奋斗的过程。佳肴不会从天而降，而在做的过程中，你对"菜"的态度，恐怕就决定了"菜"的味道。当我们为爱的人做菜，因为有那份爱的存在，所有的"苦难"都将不复存在，而些许的挫折、失败，也就变成了人生这道"大菜"的几份调料了。

　　别光想着理所当然地吃妈妈做的菜，在18岁以前学会做菜，真的能让我们成长不少。

挑战弱点

邻居家的姐姐疯狂地崇拜周杰伦，尹冰问她喜欢周杰伦什么，她说："周杰伦长得帅，有才华，唱歌还很有特点，哦，对了，他吐字不清这点跟你倒很像，不过即使这样，我也喜欢他！"

姐姐这句"他吐字不清这点跟你倒很像"戳中了尹冰幼小稚嫩的心灵，让尹冰想起了小学的一段往事。

在很小的时候，尹冰"说话的本事"就没别人那么强。妈妈说她从会说话开始，语速就比别人快，因此吐字常常含混不清。这个问题一直是她的一块心病，也是她最大的弱点。平时尹冰经常朗读一些诗歌或小说，来锻炼发音问题，但收效不大。因为这个弱点，她便不爱在课堂上发言，和同学们一起玩的时候尽量慢慢地说或者少说话，用一个词来形容就是"少言寡语"。因此，同学和老师还没发现尹冰有这个严重的毛病。

就在尹冰暗自庆幸掩藏得很好的时候，一次年级大会却让她的这个弱点暴露了。

因为尹冰的学习成绩不错，被老师点名到年级大会上去发言。一开始尹冰本想拒绝，但又没有合适的理由去拒绝。如果说出她发音有问题的事，老师和同学们不就知道她的这个弱点了吗？他们会怎么看她？尹冰只好硬着头皮做上讲台的准备，心里还在想，到时候慢慢地说，一定没问题的。

事情往往没有想象的那么简单。当尹冰站在静得可怕的礼堂上，面对黑压压的全校几百名师生时，她紧张得脸红心跳，汗也顺着脸颊淌了下来。发言的语速变得更快，完全控制不住舌头和嘴唇的碰撞频率，结果可想而知。下台时，她的眼泪都在眼眶里打转，她知道，不但发言失败了，而且她的弱点暴露在全校师生面前，这简直是尹冰从没遇到过的"灾难"。这段讲话经历也成了尹冰心底深处一段不可磨灭的阴影。

当尹冰还沉浸在这段往事的时候，姐姐把她的魂儿叫了回来。

她说："你知道吗？周杰伦虽然吐字不清，但是他却很好地把这个弱点变成了他的优点。吐字，首先是吐字。无论你怎么给周杰伦的音乐归类，或者R&B，或者有人说的没那么R&B，周杰伦先是在吐字上成为华语音乐第一人。在他之前，没有谁敢于把歌词唱得这么不清楚。你可以反驳我，难道唱得不清楚反而是天才了？我的答案是，没错！在所谓"周氏唱法"中，确实包含了很多天才般的创造。中文的单音节发音和调式的单一化与英语或其他语言（比如粤语）相比，在语言自身的音乐性上本来就先天不足。周杰伦的吐字让科班出身的专业人士大跌眼镜，这与学府里的吐字方法格格不入。但周杰伦的吐字不是简单地胡来，唱得马马虎虎就可以了，他在中文的吐字中加入了本来没有的音节和调式，音乐性强了，却听不大清楚了，周杰伦选择了前者，于是成了现在这个样子。这是一种化学反应，而非简单的物理现象，当改变的中文吐字与R&B相遇，好像两种元素的碰撞，诞生了新的化学分子结构，激发出活跃的分子运动——语言在音乐里的韵律。早期的《斗牛》就是这种化学反应的先期实验成果。"

知道了周杰伦的故事以后，尹冰的心里起了波澜。

"难道我真的克服不了自己的弱点吗？"

"难道我真的要永远输给自己吗？"

"难道那段阴影要永远成为我的永远吗？"

不！在经过一番激烈的思想挣扎后，心中那个勇敢的尹冰打败了另一个懦弱的尹冰，她要向自己的弱点宣战。

当听说学校要组织一个演讲比赛的时候，尹冰决定报名试一试，挑战自己的弱点！

尹冰认真地准备了演讲稿，把以前在深夜里几千几万次朗读文章的劲头儿拿出来，反反复复地读演讲稿，直至语速平稳地背诵出演讲稿，一字不差，这中间完全没用心去背，只是通过读就把演讲稿的每一个字深深地记在了心里，具体读了多少遍不清楚，但演讲稿的内容已经是脱口而出了。之后，她又一句一句地调整语气、语音和语调。直练到口干舌燥，直练到她看到了自己显著的进步。

比赛时，面对黑压压的人群，尹冰仍然紧张，但不再像上次那样恐慌，尽管演讲只有短短的几分钟，但也显得尤为漫长，在这"漫长"的时间里，尹冰调整好自己的情绪，自信而清楚地发音，充满感情地把心中的演讲稿一字一句讲出来。当她获得热烈掌声的时候，她知道，自己把过去那个懦弱的不敢暴露弱点的自己打败了。她就像一名战士，在挑战弱点的战斗中大获全胜。最终，尹冰获得了比赛的二等奖。

通过这次挑战，尹冰深深地体会到，十个指头有长短，谁都无法完美无缺。

如果我们放任甚至纵容自己的弱点，不努力控制甚至改变这种不利的情况，那么留给我们的，就只有"失败"二字。只要我们坦然面对自己的弱点，向它宣战，然后勇敢地进行挑战，不断完善自我，就能够扬长避短，拥有成功、快乐的人生。

学会自己拿主意

为了参加学校一年一度的篝火晚会，苏倪特意跑到表姐家，准备借条漂亮的裙子到晚会上大出风头。

"表姐，你看我穿这条黄色的裙子会不会太艳丽啊？"苏倪一边对着镜子试裙子一边问在旁边看电视的表姐。

"就这条吧。"表姐已经失去了耐心。因为在这之前，苏倪已经试了白色、黑色、蓝色、红色、玫红色等十几条裙子，都不太满意，但又拿不定主意，便一一询问表姐的看法。

"我怎么觉得一开始那条白色的更好看一些呢……不、不，其实那条蓝色的也很不错……还是黑色的更适合这次晚会吧？"苏倪歪着头看向表姐。

表姐无奈地说："你可不可以自己拿个主意？不要再问我了，我已经被你'审问'了四十多分钟了，你却一条裙子都没有定下来，你有没有觉得你太拿不定主意了？"

苏倪注意到表姐的最后一句话，以前也有人这么说过她。

经过一番审视，苏倪发现自己确实有着拿不定主意的坏毛病。在日常生活和学习中，苏倪似乎习惯了别人怎么说她就怎么做，自己懒得思考，遇事缺乏主见。当她遇到需要做决定的事情时，常常要参考别人的意见或干脆请别人代做决定；当她遇到难题时，她认为自己思考太费时间，还不如直接问别人；当她买学习用品和服装时，看同龄人买什么她就买什么；在决定事情之前，她总喜欢征询别人的意见，不管这件事情是大是小……有一次，苏倪甚至在理发师举着剪刀准备下手的时候还在犹豫到底剪齐刘海儿还是斜刘海儿，或者是不留刘海儿。就是因为苏倪经常拿不定主意，而使周遭的人哭笑不得。那么，像苏倪这样拿不定主意的人该怎么办呢？

美国有个著名女演员叫索尼亚·斯米茨，她童年的时候在加拿大渥太华郊外的一个农场里生活。

那时候她在农场附近一个小学里读书。有一天她回家后很委屈地哭了，她父亲问她为什么哭泣，她断断续续地说道："我们班里一个女生说我长得很丑，还说我跑步的姿势难看。"父亲听完她的哭诉后，没有安慰她，只是微笑着看着她。忽然父亲说："我够得着咱们家的天花板。"当时正在哭泣的索尼亚听到父亲的话觉得很惊奇，她不知道父亲想要表达的意思，就反问了一句："你说什么？"

父亲又重复了一遍："我够得着咱们家的天花板。"

索尼亚完全停止了哭泣，她仰着头看了看天花板，将近4米高的天花板，父亲能够得着？尽管她当时还小，但她不相信父亲的话。父亲看她一脸的不相信，就得意地对她说："你不信吧？那么你也别相信那个女孩子的话，因为有些人说的并不是事实。"

索尼亚在很小的时候就明白了，不能太在意别人说什么，要自己拿主意。

二十四五岁的时候，她已经是一个颇有名气的年轻演员了。一次，她准备去参加一个集会，但她的经纪人告诉她，因为天气不好，可能只有很少的人参加这次集会。经纪人的意思是索尼亚刚开始出名，应该用更多的时间去参加一些大型的活动，以增加自己的名气。可索尼亚坚持要参加那个集会，因为她在报刊上承诺过要去参加。结果，那次在雨中的集会，因为有了索尼亚的参加而使得广场上的人拥挤起来，她的名气和人气骤升。

后来，她又自己做主，离开加拿大去美国演戏，从而闻名全球。

索尼亚·斯米茨正是因为小时候受到了父亲的启发，学会了自己拿主意，事事当机立断，果敢有力，才有了后来那样蓬勃发展的事业，这决不是碰巧而已。

我们自己的事情要试着自己拿主意，不应该总依赖别人，让别人为我们操心。有的时候，别人的决定不一定对，别人的主意也不一定好。多听听别人的意见可以，但是要学会自己拿主意，自己拿主意并不是一意孤行，也不是孤芳自赏，而是忠于自己，相信自己，对自己的承诺负责。在人生的路上，会有许多分岔口，就在我们举棋不定而又没有旁人可以询问的时候，或许我们已经错失了迈向成功的最佳机会。可见，学会自己拿主意是多么重要。

坏习惯则是人生路上的绊脚石

霍雪十分喜欢阅读，但她喜欢躺在床上阅读，一边看着书，一边吃着零食，她觉得世界上没有比这更惬意的事情了。妈妈经常唠叨："你这样眼睛迟早会近视！"爸爸也跟着数落她："女孩子不该这样懒惰，坐起来好好看。"霍雪一概不理，她觉得每天都要坐在课桌前上课，晚上回家又坐在写字台前做作业、复习功课，这已经很累了，唯一休闲放松的时刻还要坐着岂不是要累死了？于是她偷偷地把卧室的门插上，趁爸爸妈妈不注意的时候就尽情地躺着看书。躺着看书的"后遗症"很快找上门了——眼睛近视了。

挑了一个风和日丽的日子，霍雪吞吞吐吐地对妈妈讲了这件事情，妈妈的脸没有因为风和日丽而变得明媚和煦，反而乌云密布，随时准备下一场倾盆大雨。结果可想而知，挨了妈妈一顿数落后，妈妈带她去了眼镜店，霍雪变成了"四眼妹"。

爸爸看了她戴眼镜的样子后，用一句话给这次近视事件做了一个评语："看你养成的坏习惯，自作自受了吧！"

习惯是什么？霍雪翻了《现代汉语词典》，那里对于"习惯"一词是这样释义的："在长时期里逐渐养成的、一时不容易改变的行为、倾向或社会风尚。"简而言之，习惯就是人的行为倾向，是一种稳定的、自动化的、潜意识表现的行为，而不一定是自己希望的行为。

习惯有好坏之分。好习惯是一种顽强而巨大的力量；而坏习惯是一种藏不住的缺点，别人都看得见，而自己看不见。坏习惯不仅会影响学习、生活、性格、行为等，甚至会影响一生的前程。

爸爸见霍雪对"习惯"开始关注了，马上趁热打铁给她讲了关于叔叔买烟的故事。

有一段时期，霍雪的叔叔抽烟很凶。一天，他去外地出差的途中，在一个郊区的小旅馆投宿。晚上下起了大雨，地面特别泥泞，开了好几个钟头的车之后，叔叔实在是累极了。吃过晚饭，他就回到自己的房间里睡着了。但是凌晨叔叔突然醒了过来，他很想抽支烟，于是他就打开了灯，很自然地伸手去摸他一般都会放在床头的烟，但是没有。他翻遍了衣服口袋和行李袋，结果他又一次失望了。现在他唯一能得到香烟的方法就是穿好衣服，到超市去，但是问了旅馆值班人员，超市还在几站地之外呢。

看来情形并不乐观，外面还下着雨。他的汽车也停在离旅馆还有一段距离的车房里。如果他真的迫切地需要一支烟，那么他只能在雨里走到黑暗中。抽烟的欲望不断地折磨着他，于是他下了床，脱下睡衣，穿好衣服，准备出去。正在他伸手拿雨衣的时候，他突然笑了起来，笑自己傻。他突然觉得，自己的行为多么荒唐可笑。他站在那里，心里不停地想着，只为了一根小小的香烟，却要在三更半夜离开舒适的旅馆，冒着大雨开车好几站地去买香烟。霍雪的叔叔也是生平第一次注意到，他现在早就养成了一个坏习惯——为了一个不好的习惯，可以放弃极大的舒适。看来，这个习惯对他并没有什么好处，于是，他走到桌子旁边，把那个烟盒团起来扔出去，然后重新换上睡衣，回到舒服的床上，心里产生一种胜利的感觉。自从那个晚上之后，他再也没抽过一根烟，也再没有想过要抽烟。

霍雪的叔叔对她爸爸说，他经常回忆那天晚上的情形，按照他当时的情况，他差点被一种坏习惯俘虏。每当他再遇到坏习惯来拜访他的时候，他就会拿那天风雨交加的无烟夜晚来鼓励自己远离坏习惯。

经常做一件事就会形成习惯，而习惯的力量是难以抗拒的。有人说，养成好习惯很难，但是一个坏习惯在不知不觉中就已经形成了。是啊，为了偷懒，霍雪秀气的小脸上如今架着一副大框眼镜，要多难看有多难看。坏习惯要不得啊。

讲完叔叔和坏习惯的事，爸爸看着霍雪的眼镜滑落到鼻梁上卡在那里半掉不掉的滑稽表情笑了，他说："想知道怎么改掉坏习惯吗？"霍雪大力地点点头，眼镜差点儿掉下去。

　　"人的一生中会遇到许多坏习惯，都是在不经意间自己养成的，当我们意识到坏习惯的时候，及时改掉，它就不会对我们造成危害。随后我们应该做的是，精心地去培养好习惯。好习惯可以推动我们在人生道路上奋勇向前，坏习惯则是我们人生路上的绊脚石。只有从小养成好习惯，才能使我们终身受益，并且取得一个又一个的成功。好习惯就像一朵温室的花，不但要精心培养，还要专心呵护。当我们培养了一个好习惯，摒弃了一个坏习惯的时候，请热情地伸开双臂，拥抱住好习惯，不要让它与我们擦肩而过。"

与酒保持君子之交淡如水的状态

顾予第一次感受到喝醉，是在很小的时候，大概上小学三年级。

舅舅从国外回来，带来一瓶葡萄酒。倒在晶莹剔透的杯子里，红红的酒色漂亮极了。顾予抢过杯子喝了一口，甜甜的，和葡萄味的饮料十分相似，却又比饮料多了一种微妙的说不出的口感。妈妈出门去送舅舅，爸爸回屋找零钱打算让顾予去帮他换两瓶啤酒。趁这间隙，顾予倒了一杯葡萄酒一饮而尽，面色立刻绯红起来，有一种发烧的感觉。爸爸走过来看见了，说别喝醉了。小小年纪的顾予不懂什么叫醉，只是不屑地想，喝了那么多饮料也没有爸爸说的"醉"，这个同饮料一样味道的葡萄酒还能让她醉？

当顾予拿着两个空啤酒瓶和零钱走出家门以后，终于体会到了什么是醉。双脚像踩了棉花，左右的楼房都在摇晃，脸像发了烧一般怪怪的难受。她一脚轻一脚重地努力维持着平衡，好不容易换好了啤酒拿回家去，再也坚持不住眩晕的感觉，一头扎进屋去，卧倒在床，隐约中似乎听到妈妈说，这孩子一定是喝醉了……

再一次感受到酒精的威力，是在高三毕业的时候。

那天，全班同学为了庆祝毕业，集体去轮滑世界溜旱冰，还记得同学们一个抱着前面一个的腰，连成一条长龙往前滑，打头的一摔倒，后面跟着倒，像多米诺骨牌一样有趣。痛快地疯过闹过之后，又一起去订好的饭店参加毕业告别宴。

一开始，老师在场，大家还很拘束，说了一些毕业还要联系的话，就只剩下吃菜的声音了。不知道是谁提议喝点儿酒，老师微微笑着没有反对，于是一呼百应，叫了几箱啤酒，一箱24瓶，你一杯我一杯，没多久就成了空瓶子。这时再看，原本彬彬有礼的大家已经互相换了位置。原来男生同桌，女生同桌，已经变成男女共桌，一群少男少女，觥筹交错，热闹非常，脸色绯红，青春飞扬。有人拿着麦克大声唱着："你从前总是很小心，问我借半块橡皮，你也曾无意中说起，喜欢跟我在一起。那时候天总是很蓝，日子总过得太慢，你总说毕业遥遥无期，转眼就各奔东西……"

只听到"哇"的一声，一个女生坐在椅子上痛哭失声。旁边有个男生不停地安慰她。原来这个女生一直暗恋着男生，毕业后不再是同学，见面的机会也少了，觉得十分遗憾，便趁喝醉的机会向男生表白了，没想到男生回答，他也暗恋过她，但他觉得应该以学习为重，就放弃了对她的表白。她为逝去的美好时光而感叹，当着大家的面大哭起来，宣泄心中的情感。可能是酒精的威力使然，使平日里恬静温和的她完全判若两人，令顾予惊诧不已。

有的时候，喝多了酒，便会让人处在麻醉的状态下，轻易地宣泄一些平时不敢泄露的情绪。

记得后来没有喝酒的老师为他们收拾了那次告别宴的残局，淡定从容地安排没喝多的同学送喝多的同学回家，谁家离谁家近，谁和谁一起打车比较省钱，等等。自从小学时领教了醉酒的威力后，顾予没敢多喝，留下来帮助老师结清账单和处理清算摔坏的杯子等事宜。因为顾予天资聪颖，学习又一直努力刻苦，考个重点本科没问题，老师对她这个"得意门生"也是另眼相看的。她把顾予叫到一边对她说："高中毕业后即将成人，那时你就是个大姑娘了，记得要学会照顾和保护自己，如果遇到喝酒的场合，能不喝尽量不喝，非要喝一定要少喝。"

老师对顾予说的话，顾予一直记在心里。

生活中，女孩儿或许比男孩儿更多愁善感，更容易遇到一些不开心的事情，心中容易郁结，有很多排解不掉的情绪，喝酒有时或许有助于忘却，可是，酒精带来的麻醉只是一时，该面对的事情，在酒醒之后，还是一样存在。

作为女孩儿的我们，在18岁未成年之前，不要轻易去尝试像喝酒一类自我不能掌控的事物，如果有人保护还好，如果没有，一旦遇到不好的事情，再后悔也回复不到最初的自己了。即使成年后，觥筹交错应酬朋友之时，酒或许是锦上添花，但是，微醺就好，谁都不会喜欢一个喝得醉醺醺的女孩儿。与酒保持君子之交淡如水的状态，再好不过。

从小·爱护动植物

每次路过拐角那家肯德基的时候，总会看到有人手里拿着鸡翅谈笑风生，白画都会想起记忆深处的一只鸡。

那是一只非常美丽的鸡。

彼时的白画还是个小学生。一天放学走到家楼下，看见楼头的死胡同里似乎有什么东西在动，好奇心驱使她走过去察看。那是一只有着艳丽尾羽的大鸟，见到白画过去竟然没有任何反抗，乖乖地被白画抱了起来。白画欣喜地把它抱回家，放到了装冰箱的大纸盒箱里。

白画的爸妈回家后看到大鸟，告诉白画，那是山鸡，而且不是野生的，将近年关，也许是别人买来的人工饲养的山鸡，想当作年礼送出去，却不知什么原因被它逃脱了。

晚上白画经过爸妈卧室的时候，隐约听到他们在闲聊的话。

"这只山鸡看起来挺肥，一定好吃。"是爸爸的声音。

白画似乎从爸爸的话里听出了端倪，爸爸难道是要吃了山鸡吗？

第二天上学，一整天脑海里都是那只漂亮的山鸡。她醉心于那美丽的尾羽，从未想到过山鸡被抓后的命运。只记得它安静地窝在她的怀里乖乖的样子，尾羽的颜色漂亮得让人眼花缭乱，比农村舅公家的大公鸡漂亮好几倍。白画像着了魔一样，在放学的路上急奔，心里惦记着该如何说服爸妈，让那只山鸡做她的宠物，让那美丽的彩虹般的尾羽天天陪着她，不让它成为盘中餐。

到家后的景象令白画大吃一惊。不知何时，山鸡从一米多高的大纸盒箱里飞了出来，管灯被它碰掉，只连着电线，茶杯横在茶几上，墙上的相框也离开了原有的位置，屋里乱得不成样子，而那只美丽的山鸡却扇着翅膀拒绝白画的碰触，一使劲儿飞到了衣柜的上方，缩在衣柜顶端和天花板中间死活不出来了，再也没有昨日乖巧的样子。白画赶紧收拾屋子，但为时已晚。爸妈下班回来看到，说，看来是留不住了。白画问什么意思，爸爸说："今天给动物园打电话了，动物园不接收人工养殖的山鸡，因为它不属于保护动物，而我们家又无法继续养它，你也看到了，它十分淘气。"白画明白爸爸的意思——就是要吃了它。她眼眶里立刻蓄起了泪水，说话变得结结巴巴："这、这只鸡的尾巴多好看呀，为什么要杀了它来吃？"妈妈说："傻孩子，再好看，它终究也只是一只鸡啊。"

年幼的白画直觉中觉得哪里不对劲儿，但尚不完全成熟的逻辑思维根本帮不上忙，最后只得臣服于"它终究只是一只鸡"这个事实中，再也没有反驳的理由。

爸妈带着白画和山鸡去了农村舅公家过年，舅公有个十分宽敞的院子。那天，舅公拿着菜刀走向那只山鸡。它似乎感受到了什么，拼命扑扇着翅膀，白画想着它变成肉块，和葱姜蒜混在一起的样子，大哭了起来。白画出人意料地扑向舅公，哭喊着强烈反对大人们对这只鸡痛下杀手。也许十几年后的白画能够说出许多冠冕堂皇的理由来驳得人哑口无言，可那时的白画只会疲劳地重复着"它的尾巴多好看啊"这句苍白的话。

或许是白画的哭声太悲戚，抑或是山鸡的拼命挣扎让大人们感受到了生命的存在不易，大人们放弃了吃这只鸡。接着，白画的爸妈带着白画，把山鸡带到山脚下，放走了它。彼时，山鸡已平静下来，一言不发地看了白画一眼，拍拍翅膀，踱步向山上走去，很快消失在一棵大树后面。

长大后的白画经常想象，那只美丽的大鸟在那遥远的山上，迎着磅礴的日出自在鸣啼，山风吹起它那艳丽的尾羽，在阳光的照射下，形成一道美丽的彩虹，如画如诗。

其实，与生活在地球上的其他生物和谐相处是人类的必修课。我们不仅要爱自己，对动物和植物也应抱有一颗爱心。曾经看过贾平凹题为《我的老师》的一篇散文。文中这样写道："我的老师孙涵泊，是朋友的儿子，今年三岁半……一次郊游，大人摘了一抱花给孩子们。轮到他，他不接，小眼睛翻着白，鼻翼一扇一扇的，他说：'花痛不痛？'"这位三岁半的小男孩儿悟性

真高，见识不同凡响。我们应从小就懂得爱护动植物，不随意踩踏草坪、折损花草树木，不随便欺负虐待小动物。动植物是人类的朋友，我们对待动植物也应该像对待我们人类自己一样，这样才可以构成一个充满和谐与友谊的美好世界。对动植物抱有一颗爱心其实就是对自己抱有一颗爱心，热爱动植物的人就热爱生活，热爱生活的人会更加热爱动植物。

青春就是女孩们最好地装扮

何绿从小就爱美，为此还闹出了几件糗事。

在她还上幼儿园的时候，在电视里看到一部民国电视剧里的阿姨们，都梳着漂亮的波浪发型，刘海儿高高地向后卷成一个好看的弧度。她非常向往。一次吃冰糕的时候，突发奇想，咬下一块冰糕，用嘴含得稍微软化，便把自己前额的刘海儿卷起，放在头上固定好，然后把嘴里的冰糕吐出来压在头发上，自己照了照镜子，非常满意她也有了好看弧度的高刘海儿。妈妈看到了以后哭笑不得。何绿出去给小朋友看，小朋友更是起哄她把冰糕吃到头上去了。她这才从妈妈那里知道那些漂亮阿姨的发型都是用一种发型胶固定的，而不是用冰糕。

到了初中，何绿的头发毛糙得厉害，经常蓬蓬着，张牙舞爪，十分难看。因为进入了青春期，何绿变得十分在意自己的形象。为此她想尽了各种办法让头发变得柔顺，咬牙攒零花钱买了广告里说的洗发水，洗发水很贵，却一点效果都没有。又发现只要几天不洗头，头发就会服帖下去。有一天何绿听到后座的男孩儿悄悄地跟同桌说："她的头发怎么这么油啊，好几次都这样，是不是不爱讲卫生？"何绿听到以后没吭声，但再也不敢好几天不洗头了，毕竟形象第一。

能用的方法都用尽了，该怎样解决这恼人的蓬蓬头呢？何绿想起了小时候妈妈说的发型胶，正好妈妈的梳妆台上有个瓶子，她看见妈妈用它抹过鬈发，抹过之后鬈发上的卷儿就漂亮又不松散，那瓶一定是妈妈说的发型胶。

学校通知第二天要拍证件照，何绿便想，一定要把自己打扮得好看点儿。第二天早晨，何绿趁妈妈不注意，偷偷地拿了梳妆台上那瓶叫定型啫喱的瓶子，往自己的头上抹去。由于第一次用，不知该抹多少，就一直抹，直到头发贴到脑袋上，不那样张牙舞爪了她才满意地把瓶子放回去，顺便还偷偷描了描眉毛，抹了一点口红。

何绿早早地到了学校，便坐在座位上低头预习功课。上课前，一个女生跑到她旁边和她后桌说话，突然女生"咦"了一声，说："何绿，你这头发怎么一绺一绺的？"说着便伸手过去要摸。何绿惊慌地用手过去挡，没有挡人家的理由，便装成开玩笑的样子，嘴里说着"有什么好摸的呀，我的脑袋是圆的，你的脑袋也是圆的"，想掩盖抹发型胶的事情，但女生眼疾手快，还是摸到了她的头发，大声嚷嚷着："大家快看啊，何绿的头发可硬啦，这怎么搞的啊……哎呀，真硬啊，像面条！何绿，你还化妆啦？天啊，这眉毛和嘴唇，抹得很怪异呢……"全班顿时安静下来，都望向何绿，何绿尴尬极了，赶紧把女生的手扒拉到一边去，但已经挽救不了任何事情。班里有人开始窃窃私语，"她是不是喷了啫喱啊"、"还化妆了……"之类的话钻入她的耳朵。

回家后何绿大哭了一场。她在网上看到过，有的女孩儿也化妆，有的女孩儿穿大人的超短裙，有的女孩儿还烫了头发呢，为什么同学们只嘲笑她？她恨极了那个女生的多嘴多舌，也怪自己没掌握好发型胶的剂量，更怨妈妈给自己遗传了这么一头难看至极的乱发……何绿越想越难过，晚饭都不想吃了。

妈妈得知何绿在学校发生的事后，笑着对她说："傻孩子，爱美之心，人皆有之。你这样打扮自己，注意自己的形象，是完全正常的事情。女孩子爱美，天性使然，但不一定是用化妆品、穿时髦衣服、烫玉米须发型才叫美。像你这么大的女孩儿，正在拥有一生中最美的化妆品，那就是青春。用青春装扮自己，是无敌的美，是任何化妆品的效果所不能及的。你还记得琼瑶奶奶的小说和改编的电视剧吗？女主角都无一例外是长发飘飘，纯情温柔得让大家羡慕不已。一袭布裙，不施粉黛，微风吹过，几缕青丝飘过面颊，轻轻一拂，何等优雅！其实还未成年的女孩们，无须费尽心力用奇装异服、浓妆艳抹来装扮自己，刻意地打扮反而让自己不那么美丽了。青春就是女孩们最好地装扮，它会给女孩们带来意想不到的美。"

何绿听了以后认识到是自己理解错了美的概念，便释然了。

暗暗地决心要多读书，用知识装扮自己的内在，用青春装扮自己的外在。这样有内涵的女孩儿，相信走到哪里，大家都会赞一声：这个女孩子看起来很美。

拥有美好的心灵

那是夏生第一次近距离接触她。彼时她正埋头在垃圾箱里翻捡东西，丝毫没有察觉夏生的到来。夏生轻轻地走近，在她的后背拍了一下。她吓了一跳，身体本能地向后缩，手中的西瓜皮向夏生的方向撇去，不偏不倚地扔了在了夏生脸上。很清凉的感觉，但也很痛。她趁夏生捂脸的空当儿跑掉了。

关于这个女孩儿，夏生早就察觉到她的存在了。她是上个月搬到夏生每天上学必经的天桥下面"安居"的。

她衣冠不整，裤子上有几块补丁，有着"鸟巢"型发式，似乎从来都没洗过澡，也没人见她去上学。她有一个和她一样的妈妈，两人相依为命，以捡东西为生，成天在垃圾堆旁徘徊。

听天桥附近摆摊儿的阿姨说，她挺孝顺的，每次捡到好吃的都会把大的给妈妈。她妈妈喜欢抽烟，大部分都是捡别人抽剩下的烟头，而她也时常把长的烟头留给妈妈，她不知道抽烟有害健康，也许她认为把妈妈喜欢的东西给妈妈就是孝顺。只要是她认识的人她都会主动说话，很有礼貌，只要是给她吃穿对她有恩的人，她都懂得感激。有一次她看到小偷偷别人的东西，还见义勇为地大声嚷嚷着吓跑了小偷。

　　"她和她妈妈看起来似乎是好人，不像那些街头上的小偷们成天惹是生非，但她们毕竟是捡破烂的……"摆摊儿的阿姨撇撇嘴说。摆摊儿的阿姨似乎瞧不起她们母女，但夏生心灵的一角却似乎被什么点燃了。于是有了那次近距离接触，结果是脸被西瓜皮扔个正着，夏生哭笑不得。

　　一次下晚自习回家，天已经很晚了，月亮早早地挂上楼头，行人稀少。夏生独自一人从天桥下穿过，突然她发现在她的正前方有一只流浪狗，龇牙咧嘴，摆出一副要攻击人的架势对准了她，夏生吓得魂飞魄散。她最怕狗了，小时候去农村玩儿的时候被狗咬过，从此落下个怕狗的后遗症。谁知怕什么就来什么，现在居然只有夏生一个人来面对，怎么办？她心里忐忑不安。一开始流浪狗是怕夏生的，它怕人类伤害它，可是后来它也看出来这个人类的腿在发软，手在哆嗦，它不再担心，向夏生吼了两声表示示威，夏生就更害怕了。

　　这时，女孩儿从天桥外面回"家"，似乎看出了夏生的困境，她看了看狗，明白了事情的大概，她挡在夏生的前面，捡起地上的一块石头向狗扔去，狗向她扑来，她又捡起一根木棍，和狗搏斗了起来。最终，狗被她打跑了。她冲夏生笑了一下，然后说了句"对不起"。夏生还没来得及表达谢意，女孩儿已经转身走远了。夏生知道她是指那天的西瓜皮事件。女孩儿知道为自己做过的事情道歉，却在做了好事以后不求别人的感谢，就是这样一件小小的事情，却深深刻在了夏生的脑海深处。

圣诞节的时候，夏生的好朋友送给她一件礼物。那是一块手表大小的蓝色玻璃片，里面嵌着不规则的绿、蓝、褐色云母片和有些类似鱼儿轮廓的东西。

夏生怎么看也看不出这个玻璃片有什么特别之处，于是就把它放在了抽屉里。

有一天，当她翻抽屉的时候，发现了这个被她遗忘的玻璃片，就把它拿在手里细细把玩。

她注意到那个玻璃片的一端有个钩子，她翻出装玻璃片的盒子，盒底上印着一项说明：挂在向阳的窗口。于是她将这件礼物挂在向阳的一扇窗上，阳光顿时涌了进来，五光十色。阳光透过海蓝色的玻璃片，把整个房间变成了海洋的世界。房间里碧波荡漾，鱼儿畅游，美极了！

谁能想到只是这么一个小小的玻璃片就能将她原本普通的房间变成一个通往微光闪烁的海底世界呢？

这种美一直悄悄地藏在她的抽屉里。

夏生想起天桥下的那个女孩儿。她虽然生活困苦，却不怨天尤人，虽然没读过一天书、上过一天学，但是懂得帮助别人，有一颗感恩的心、助人为乐的心和孝顺母亲的心。什么样的人才是最美的人？是穿高跟鞋外表靓丽的美女，还是扎着羊角辫天真无邪的小女孩儿？在夏生看来都不是，是她，一个长得不美，却有着如此美丽心灵的人，那种美就像那块藏在抽屉里的玻璃片，虽然没有外表的美那么起眼，却在关键时刻绽放出吸引人的璀璨光芒。

也许你没有漂亮的脸蛋、完美的身段，也许你没有超脱的气质、良好的家庭背景，请你不要烦恼。只要你拥有一颗精致的心，拥有美好的心灵，你就拥有了吸引别人的魅力。因为蕴于内心深处的美，才是真正使人折服的美，才是可以历久弥新的美。你不必因你的外表不足而计较什么，只要你拥有一颗精致的心，便已足够。

"道歉"也是一种勇气

刚进入初一的田昕从幼儿园时起就喜欢画画，写字更是漂亮。过了两个月，学校组织手抄报评比活动，每个班级出3张手抄报。田昕心里乐坏了，因为手抄报正是她的强项。她举手报了名，蛮以为老师一定会把这个任务交给她，到时候她的手抄报得奖，不但能得到学校的奖品，还能获得老师的另眼相看和同学们的交口称赞。当她沉浸在周围都是一片赞扬声乐不可支的幻想中时，老师说，报名的同学很多，积极踊跃，老师很高兴，现在宣布，这个任务交给班长吧。田昕一下愣住了。

午休时，田昕的好友悄悄地说："田昕，你不知道吧，班长是老师家的亲戚。哼，有什么好事都让班长去出风头，还当谁是傻子不知道呢！我家就在班长家前面的一个楼，楼距很近，好几次我都看到老师去班长家吃饭了。"正画画的田昕一听，顿时气得差点儿把手里的画笔扔出去。原来老师是偏向自己的亲戚！但她不敢说老师什么，便把气撒到了班长的头上。班长收作业，田昕说还没写完，故意磨蹭许久，等大家都交齐了她才交，想着拖班长的后腿，让老师以为班长干活不利索。班长收复印卷子的钱，田昕装作忘了带的样子，让班长替她垫上，之后也装成没这回事，故意不还班长的钱。班长分配打扫卫生的活儿，让她去擦窗户，她偏要说有恐高症擦不了，要去扫地。班长感觉出了田昕对他的敌意，但对敌意的源头是丈二和尚摸不着头脑，想找她谈谈，见她一副冷若冰霜拒人于千里之外的样子，着实对她无可奈何。

过了一阵，班长居然请了好几天的假，手抄报的任务完成不了了。老师找到田昕，对她说："田昕同学，同学们都说你经常在午休的时候画画，而且画得非常漂亮，老师也知道你字写得特别好，既然班长家出了事，就由你来完成手抄报吧。老师相信你一定会完成得非常好的。""你家亲戚有事请了假，你才想到我，早干什么去了？我一定得个奖给你们看看！"田昕心里想。

因为田昕的手抄报着手进行的时间比较晚，准备的时间几乎没有，所以仓促完成的手抄报只得了学校的四等奖。田昕一脸沮丧，她理想中应该是得一等奖。她又想把气撒到班长的头上，等她想找班长的时候，才发现，班长怎么这么多天还没来上学呢？

吃完午饭，田昕问好友："你家离班长家近，班长是不是出了什么事情？"好友支支吾吾地说："没有，我去他家干吗？我跟他又不熟。""咦？可是我听别的同学说，你俩在小学是同班同学啊，怎么又不熟了呢？"田昕奇怪地问。"没那回事，别听他们瞎说。不跟你说了，听说书亭进了新漫画，我去看看。"说完，好友找个借口跑开了。这时，老师过来找田昕，亲切地对她说："老师看了你的手抄报，完成得比班长的还漂亮呢，可能是因为给你的时间太紧了，你没有充分的准备，得了四等奖已经相当不错了，早知道你手抄报做得这么棒，一开始就应该把任务交给你。班长的身体一直不太好，最近更是累病了。以后你来当副班长，举办活动，写个板报什么的，帮班长多分担些。"田昕心里非常激动，老师终于注意到她了！她高兴地说："老师，替我问候班长。"老师说："呵呵，老师正想跟你商量，你当副班长的第一个任务，就是组织大家去看看班长。同学间要学会友爱互助。老师这两天去家访才知道班长身体真的很不好。""什么？家访？老师，你不是他的亲戚，经常去他家吗？"没有城府的田昕顺嘴问了出来。"老师怎么会是班长的亲戚呢？"老师十分惊讶。"啊……可能是我听错了，哈哈，没事。"田昕尴尬地哈哈一笑，把这事遮掩了过去。

等田昕的好友进了教室，田昕马上追问她："说！你说老师和班长是亲戚是怎么回事？老师说不是，我认为老师没必要撒谎！"好友顿时像泄了气的气球，蔫了下来，结巴地说："对、对、对不起，我向你道歉，我说了谎。""为什么……""班长的确是我小学同学，以前我就看他一副好学生的样子，没来由地讨厌他。当他又抢了你的风头时，我觉得应该给他点儿教训，就添油加醋地编造出他是老师亲戚的事，想让你去教训教训他……

他俩不是亲戚，老师也没有经常去他家，我家后窗户根本看不到他家的情况。""什么！"田昕大吃一惊。她想起自己的那些故意刁难，班长脸上浮现的苦笑和包容。她都做了些什么啊！她应该去跟班长道歉。可她从小到大从没跟人道过歉，大人们都像班长那样包容她，甚至溺爱她，即使她做错了什么，大人们也都笑着说"没关系"。"对不起"三个字，从没在田昕的字典里出现过，她觉得道歉就是向人低头，以后就低人一等。好友发现田昕神色异常，以为田昕不肯原谅她，便一个劲儿地说："对不起、对不起……好田昕，你就原谅我吧，我跟你道歉，我可从没跟人道歉过，道歉也是一种勇气呢。我很珍惜你这个好友，所以你让我怎么道歉都行，明天中午我安排你吃老五家的肉串吧。"田昕望着好友的嘴唇一开一合，心里想："原来道歉是珍惜友情、挽回错误的一种方式，低人一头是我的错误想法。能够说出道歉也是一种勇气啊！我有不输别人的勇气，有要当好班干部的勇气，怎么会连道歉这么小的勇气都没有呢？我带同学们去探病的时候一定要真诚地向班长道歉。"

田昕龇牙一笑，对好友说："好，原谅你，但是老五家的肉串，也得带班长的一份，因为你也欠他一个道歉，不是吗？"

著名的军事家孙子说过这么一句话："过也，人皆见之；更之，人皆仰之。"每个人都不可避免地会做错一些事情。做错了事情并不可怕，只要能够改正错误，及时向他人道歉，还是会得到别人谅解的。

96

会说话是成就一生必不可少的因素

以璇是个不太会说话的女孩儿。班里的同学聊天时一看到她过来，说话的人马上就停止交谈，听的人也随即回到座位上。以璇知道大家都在躲着她，为此她很苦恼。

曾经以璇有一个脾气很好的同桌。一天，同桌不小心把新买的手机掉在地上，屏幕摔裂了，同桌十分着急，都要哭了。以璇却开玩笑地说："旧的不去，新的不来。"同桌听了心里很不痛快。要换屏幕至少得一百多块，她还是学生，哪来那么多钱？回家跟父母要，又得挨一顿责骂，本来父母就不赞成给她买手机，没准儿她开口要钱，父母干脆不让她用手机了呢。这事儿以璇早就知道，还在那不疼不痒地来那么一句。那句话在同桌听来，就像幸灾乐祸。

又有一次，以璇和同桌正在吃饭的时候，突然抬头对同桌说："你吃饭的声音还真是蛮大的呢，不过没关系，我不介意，呵呵。"同桌的心里立刻又不是滋味起来。边吃饭边想着："以璇是什么意思，其实她吃饭声音比我还大，我都没说她呢，却先说起我来。她不介意？难道她是说她一直在包容我吗？也许她不是那个意思，是我曲解了呢。还是不要跟她计较了，她只是性格太直爽，说话不会转弯而已。"同桌想着想着便释然了。

班长因为父母工作的事转学了，于是新的班长选举活动开始了。除了转学的班长以外，以璇的同桌以班里最好的脾气、最好的学习成绩、最好的组织能力和最高的人气而当选为新班长。以璇恭喜同桌说："真没想到，班长转学了竟然轮到你了，真是可喜可贺啊！"同桌听了顿时哭笑不得。她知道以璇不是在讽刺她，可能是在表达一种惊喜，但听起来真是刺耳得很，后来就逐渐疏远了以璇。以璇没有发觉，仍然这样跟同学们说话，结果遭到了同学们集体地冷淡对待。以璇终于察觉到，自己好像太不会说话了。

谁都会说话，但是学会说别人爱听的话，可不是一件容易的事情。在生活中，学会说让别人爱听的话是至关重要的，当然也是不容忽视的。成功学家林道安说："一个人不会说话，那是因为他不知道对方需要听什么样的话。假如你能像一个侦察兵一样看透对方的心理活动，你就知道说话的力量有多么巨大了。"

如果以璇是个会说话的女孩儿，那么当同桌的手机屏摔裂的时候，她应该说："别着急，修理费的事情让我帮你想想办法……"这话听起来就使人心里宽慰许多，即使以璇真的没有办法弄到钱，同桌也不会怪她的。当同桌吃饭的声音比较大的时候，以璇应该说："我们来比赛做一个优雅的女孩儿，看谁吃饭能不出声音，好不好？"如果她这样说，同桌一定会欣然地接受她的提议。当同桌当选为班长的时候，以璇应该说："太棒了，我早就知道你很优秀，即使班长不走，你的能力和班长也是不相上下的。"

会说话不代表就是阿谀奉承，而是发自内心的、真诚的实话，并不是让大家说谎话、瞎话。谎话总有被戳穿的一天，到时候仍然像不会说话一样被大家冷眼相待。对于生活在现代社会中的人来说，会说话在人际交往中十分重要，所以努力提升自身的语言表达能力是大家都应该学一学的。话要说得恰当，也就是能把话说到别人心里。没有人会喜欢一个谈话只讲自己，而不关心别人需求的人。人们总是喜欢和那些与自己有共同话题、能够迎合自己趣味的人交往。

一个领导到外省去参加一个会议，经过盘山公路，领导和随同人员都开始晕车了。正当大家狼狈不堪、晕晕沉沉之际，开车的司机却微微一笑，说出了一句富有诗意的话："你们都被这富有魅力的大自然所陶醉了。"短短一句话，道出了一份体贴和尊重之情，给晕车的几个人带来了温暖地安慰和鼓励。

这就是会说话的力量。会说话，往往可以使意见出现分歧的人互相理解，消除矛盾，可以使彼此怨恨的人化干戈为玉帛，友好相处；会说话，能给人以愉悦感，从而获得他人的尊敬，可以使陌生的人相互产生好感，结下友谊；会说话，能轻而易举地打开人与人之间心灵的大门，进入对方的内心世界，可以使相互熟识的人情更浓、爱更深。

毫不夸张地说，在现代社会中，会说话可以决定一个人的人生作为。亲爱的女孩儿请记住，会说话是成就你一生必不可少的因素。

掌握一些交际礼仪沟通技巧

小时候，童谣的妈妈应邀带着女儿去赴宴，临行前知道童谣一直在长辈们的娇惯下不知礼节，生怕童谣做出一些没礼貌的事，导致场面尴尬，便嘱咐童谣一定要懂得礼节。

在家无拘无束惯了的童谣随口应诺。可是，几个菜刚上桌，童谣就急不可耐地伸出筷子吃了个遍，最后，又让服务员把最喜欢的菜放在自己面前，旁若无人地吃起来。妈妈想说她几句，又知道教训她，她一定会大哭大闹，到时更加尴尬，便作罢。大家饭没吃完，已经吃饱了的童谣便大声喊："我饱了，我想回家！"其他人都看了童谣妈妈一眼，搞得童谣妈妈无地自容。

回家后，妈妈第一次狠狠打了童谣一顿屁股，教育她要懂得礼貌，让她学礼仪。小小的童谣扯着嗓子哭了很久，在受了皮肉之苦后，才不情不愿地开始学习礼仪。

童谣想起小时候的那段糗事不禁笑了起来。如今，进入高中的童谣已经出落得亭亭玉立，是个知礼节、懂礼貌的优雅女孩儿，谁见了她都会眼前一亮。

童谣是学校的纪律委员，说话办事有自己的一套方法，每次有同学违纪或同学间产生了纠纷，她都能用如沐春风的话语和有理、有礼、有节的态度让同学心服口服。这都是她的妈妈从那次尴尬事件以后长期教育她、锻炼她的成果。那些爱违纪的所谓差生，也在她的八面玲珑下给她面子，不在学校违纪了。

可偏有个家伙不买她的账，他就是一年八班有名的"混世魔王"程剑。他在学校里几乎是"无恶不作"。抽烟，喝酒，拿蜘蛛放在女同学的文具盒里，偷生物标本室里的人体骨架，藏在自己肥大的校服里，遇见胆小的女生便猛然掀开衣服，然后指着被吓跑的背影哈哈大笑。

这天，程剑跑到童谣的班级门口，大大咧咧地喊着："谁给我找一下童谣委员。"

童谣就在座位上坐着，听到程剑的喊声，起身款款地走到他面前，微笑着问："程剑同学，找我有事？"程剑抠了抠鼻子，装出一副混混儿的样子，反问道："没事——没事就不能找你了？别整天装成一副乖女孩儿的样子好不好！"童谣看出程剑是来找茬儿的，却一点也不气恼，仍然彬彬有礼地笑着对程剑说："谢谢你的意见，我会注意的。""你！"程剑碰了个软钉子，无法继续说下去，转身准备走人。"慢着！"童谣叫住了他。"什么事？""学校准备举办一个社会实践活动，想派一个人去和活动地点附近的饭店老板商谈同学们吃午饭的事情。我想和你就这件事情打个赌。""打什么赌？"程剑似乎对打赌很感兴趣。童谣早就从他的同学那里听说，程剑最喜欢和人打赌，便故意用打赌来刺激他，他果然上钩了。"我想派你去和饭店老板接洽。如果你能圆满地完成任务，那么以后你怎么违反纪律都行，我不再管你，但是如果你失败了……"童谣故意停顿了一下，斜着眼睛看程剑。程剑着急地问："我失败了怎样？""就由我去，我能圆满地完成任务，那么以后你都得听我的，不许再违纪。怎么样，你敢不敢接？也许你是个胆小鬼也说不定！"童谣故意扬着头，鼻孔朝天，轻视地睥睨着程剑。"混世魔王"的混劲儿上来了，大吼一声："谁不敢谁是小狗！"

打赌的结果可想而知。程剑直接冲进饭店的经理办公室，拿出富二代的骄纵语气对老板说："知道我爸是谁吗？我们学校明天中午要到你的饭店吃饭，这是你们饭店的荣幸，快准备好十桌饭菜，每桌十份。知道了吗？"饭店经理喊保安把这个没礼貌的小个子男生撵了出去。保安把程剑架到门外一扔，拍拍手说："管你爸是谁，难道是李刚？"程剑满面羞红。等在门外的童谣扶起挣扎的程剑，摇摇头说："我就知道会这样。"然后让程剑跟着她进去。只见童谣在经理办公室外面，等经理放下电话，才轻轻敲门，得到允许后进入屋里，拿出介绍信，礼貌地说："叔叔，我们有件事想麻烦您和店里的叔叔阿姨……请您大力支持……谢谢您。"一番话说得经理眉开眼笑的，他当然同意了。

遭到保安羞辱的程剑回去以后反省了自己，意识到自己太不懂礼貌，对为人处世的礼仪也完全不知晓，便顺从赌约，跟童谣学起了礼仪。"混世魔王"就这样从学校消失了。

现在，有很多家庭的孩子都是独生子女，习惯了家长倾其所有地奉献、付出，很少有分享、谦让、合作等体验，很多家长也没将这些生活小节放在心上，这使得一些不能自立的女孩儿，成长为骄纵、任性的小公主。她们总是以自我为中心，不懂得如何与他人和谐地相处；还有一些女孩儿不擅长与人打交道，错误地认为自己没有什么事情需要去求别人，所以不需要与他人融洽相处；还有一些女孩儿自怨自艾，认为朋友疏远自己，他人对自己不够关心，等等。这其实都是因为她们不懂礼仪在人际交往中的重要性、不懂得如何处世造成的。我们生活在一个复杂的社会关系网中，每个人都必须与外界交流，拓展自己的人际关系，提升自己的竞争力，才能立足于这个社会。因此，一个人如果不想处处碰壁，就必须掌握一些交际礼仪等沟通技巧。不仅要会做事，更要会做人。

学会用微笑的魅力感染周围的人

　　有个小女孩儿，意外得到一笔巨款。这件事不出三天便轰动了整个城市，传得沸沸扬扬。女孩儿的家人百思不得其解：究竟是谁给女孩儿的巨款？为什么要给？新闻记者曾多次询问小女孩儿："那个人为什么要给你呢？"小女孩儿露出了甜甜的笑容，摇摇头："我不知道。"每次，记者都垂头丧气，一无所获。女孩儿的家人比较了解她，他们知道要问就一定要问小女孩儿易懂的问题："那个叔叔说了什么吗？"小女孩儿思索了一会儿说："嗯……他说，你的笑容让我找到了一些我所丢失的东西。"

　　原来，那位叔叔便是当地有名的富翁。他觉得人生乏味而无趣，便想寻死。而小女孩儿的甜美笑容却令他感到如沐春风，心情也不由得感到轻松了许多。为了答谢小女孩儿，富翁便给了她一大笔钱。

女孩儿的微笑改变了富翁对世界的看法，也打消了寻死的念头。

也许你会说："这多简单，咧嘴就是一个笑，谁不会？"可不是，笑一笑谁都会，但笑的魅力产生的能量却是难以估量的。

由于父母工作调动，浅夏转学，到了一个陌生的城市。转学前，她常听到有关这个城市一些糟糕的传闻，比如，这个城市的人十分排外，对待外来的人并不友善，有时遇到外地游客问路，不是说不知道就是故意指往反方向。对于浅夏来说，这个城市给她的印象并不好。在新学校，她不敢和同学们聊天，有集体活动也都远远躲开。教室的一角经常能看到她孤单的身影，本就胆小的她对新学校的一切感到越来越陌生和害怕。

那是一个初春的下午，浅夏一个人在大街上慢慢散着步。陌生的环境、陌生的同学使她的心情非常糟糕，她真想找个地方大哭一场。她恶狠狠地踢着一块石头，发泄着心中的怒火。

随着石头的滚动，浅夏抬头看见一个坐在轮椅上的女孩儿正在吃力地用双手转动轮子，准备过马路。或许是"同病相怜"的原因，浅夏跑过去帮她。"谢谢你。"女孩儿一边谢着浅夏，一边自己更加努力地转轮子。

浅夏一边帮忙一边顺嘴问道："你的腿……"话一出口她就后悔了，因为她知道提及旧事只会让女孩儿伤心、难过，可是女孩儿却满不在乎地说："一次意外。"然后对浅夏绽开了一抹花朵般灿烂的微笑。这抹没有悲痛、没有忧伤、如春风般积极乐观的微笑释放出的能量瞬间感染了浅夏。

　　到了马路对面，女孩儿向浅夏挥了挥手，说道："谢谢，再见。"浅夏也向她挥了挥手说："不用谢。"女孩儿微笑着转动轮椅远去了。回到学校以后，浅夏也尝试着像女孩儿一样将微笑时刻挂在脸上，去面对陌生的环境和同学。渐渐地，她发现，她和同学们相处起来并没有她想象的那么困难，融洽的同学关系和逐渐熟悉的环境使浅夏变得乐观开朗了。至今，轮椅女孩儿那春风般迷人的微笑仍然刻在浅夏的脑海中，从未忘记过。每当她遇到困难、挫折的时候，就会想起女孩儿，想起她脸上那道虽然浅淡但是十分迷人的微笑，那是一抹对生活积极乐观、对未知的未来勇往直前的微笑。

　　其实，面对陌生，最好的方法是保持微笑。在陌生的环境里保持微笑，是一种放松和坦然。对待陌生人，我们也不妨微笑着给予多一些的真诚与和善，这样，我们的心里也会变得轻松而愉快。人与人之间虽无言，但是会有默契，我们在陌生的环境里感到的不再是陌生冰冷，而是融洽和温暖。这就是微笑的魅力。

　　微笑蕴含着丰富的含义，也传达着动人的情感。微笑会使人感到亲切、安慰和愉悦，女孩儿的魅力，尽可蕴含在不言的微笑之中。凡是微笑的女孩儿都是迷人的，女孩儿的微笑也是最动人的，所以我们应该经常保持微笑，学会用微笑的魅力感染周围的人。

　　亲爱的女孩儿要明白，漂亮的女孩儿悦目，聪明的女孩儿悦心，而微笑的女孩儿一定是最美的。

与父母算一算亲情账

　　班主任说，最近准备召开一次班会，主题是"算一算与父母的亲情账"。各位同学回去都好好在心里想一想、算一算，每个人都要上台发言。

　　主题公布以后，有的同学愁眉苦脸，说，这有什么好算的啊？爸妈既然选择生我、养我，那他们爱我不是天经地义的吗？我可不欠他们什么账。

　　真的是这样吗？

　　宁檬一点儿都不赞同那位同学说的话。天下间的爱有许多种，其中有一种爱，即使我们付出所有也报答不了，那就是父母的爱。

　　当我们呱呱落地的那一刻，父母就把他们全部的爱和希望倾注在了我们的身上。一年12个月的辛苦操劳，365日的挥洒汗

111

水，他们从不言苦，因为父母心中有了孩子的存在，孩子是父母生命的延续。岁月的年轮匆匆滑过，我们从稚嫩的孩童步入少年的行列，一脚踏上奔向青年的快车，而父母却在事事为我们操心的日子里渐渐衰老，我们与父母之间的账真的应该好好算一算。

宁檬的妈妈跟她说，当宁檬还温暖安静地待在母亲的肚子宫殿里时，父母就开始了教育她的第一课——听轻音乐，讲童话故事，聆听就是她的必修课。在还没见面的父母温暖亲切地关怀下，宁檬快乐地成长着。

望女成凤，慈母严父在她的童年是两个互补的角色。厉声训斥宁檬的父亲在教导她的时候，总有母亲和声细语地安慰，这便是成功所在。童年，宁檬学的东西扎实牢固，这是父亲的功劳，宁檬心地善良而不娇气，这是母亲教育有方。因为亲情，宁檬决不做温室花朵，也决不堕落消极。

很小的时候，因为一件小事，宁檬和妈妈争吵赌气，从家里跑出去，她想妈妈是不会来找她的。可宁檬没想到的是，妈妈一直在找她，她躲在一棵树后面看见妈妈着急的样子，隐约有些心疼，当她看见妈妈的眼角有东西在闪动，她知道妈妈哭了。她第一次见到妈妈哭，那是为她流的泪。宁檬哭着跑过去抱住妈妈，妈妈并没有打她、骂她，只是紧紧地抱着她，宁檬那时好恨自己，是她把妈妈弄哭的。

有一次，宁檬发高烧，烧到40度，病情十分严重，因为她家附近只有小卫生所，条件简陋，所以爸爸背着她跑到30里外的医院看病，医生说："如果晚来一步，后果就不堪设想了。"这件

112

事宁檬是从妈妈口中得知的，当时爸爸的鞋都跑丢了，却无暇顾及，直奔到公路上拦截车辆搭载他们，坐上车才发现，满脚都是大血泡。

这些事虽小，但都体现了父母对她的爱，那种爱不是溺爱，不是"严"爱，而是处于两者之间的爱。

上学后，爸妈便对宁檬松了一点儿，不限制她的任何活动。为了缓解学习的压力，爸妈喜欢在周末带她到郊外踏青。那段日子始终印在宁檬的脑海里，因为美好，因为不再重演，更因为亲情。记得那时，花儿总是开着的，草儿总是绿油油的，风儿总是和煦的，鸟儿总是快活的，像极了宁檬快乐的心情。

当叛逆之神降临时，宁檬不再乖巧地讨父母的欢心，总是觉得自己已经长大，不再需要陈词滥调地叮咛和唠叨。喜欢上奇装异服，喜欢上顶嘴，家里的气氛有些凝重。回想起来，宁檬似乎要走上一条错路了。那时，多谢爸爸，爸爸那副严厉的面孔突然换成了和蔼和耐心。他一步步地引导宁檬，从不揭她的短，也不重复说教，黑色的日子就在如水的亲情中无声地过去了。

宁檬要感谢爸爸妈妈的教导，他们是最普通的父母，却是宁檬永远敬仰的明星。他们为宁檬照亮了前方的路，引导她走向光明的未来。

"谁言寸草心，报得三春晖。"我们出生时，妈妈已经历尽了生死的考验，在以后成长的日子里，岁月无情地在父母的额头上刻下了深深的痕迹，生活的艰辛已染白了父母的鬓发，如何报答父母的一片苦心呢？

　　那个愁眉苦脸的同学前半句话说对了，我们与父母之间的亲情账真的没什么好算的，花开花谢几度秋，滚滚江水向东流，人间世代新换旧，唯有父母对子女的爱，天长地久，至死难休。父母对子女那浓浓的亲情和爱永远算不清。这笔账算清了，下笔账已经产生了，亲情无边，爱无尽头。

用至诚的心去感激父母

　　据说因为林蜜出生的时候长得甜美可人，像蜜糖一样，所以爸爸妈妈给她取了这个名字。可是她听人说，出生的小孩大多长得像个猴子，满脸皱纹，于是她很好奇地问起妈妈她出生时的情形。

　　妈妈跟她说，那天的天气特别好，晴空万里的蓝天上面飘着朵朵白云……

　　林蜜说："妈妈，这好像是病句。"

　　妈妈不耐烦地说："要不要接着听了？"

　　林蜜不吭声了。

　　"随着一声响亮的啼哭，你来到了人世。当时的你还闭着眼睛，睫毛微微地颤动，不知道这个新加入的世界是什么样子，不知道你的父母是什么样子，不知道他们爱不爱你……但是你的到来给我们大家带来了欢乐，你爸爸那高兴的样子是无法诉说的，妈妈也体验了做母亲的快乐。当你吃饱睡足了，露出甜美的微笑，像春风一样呢喃吹进我们的心田。你的一举一动左右我们的视线，让我们读你、猜你，我们亲爱的女儿，你就像天使一样降临到我们的世界。当你慢慢地长大，吾家有女初长成的喜悦感一天天浸润我们的心田。你和小伙伴摔泥巴闹得满脸花的花猫脸，刚入学时发誓努力学习的发光的小脸，考试得第一名时的笑颜，钢琴比赛获奖时激动的样子，妈妈都记得清清楚楚，一幕一幕仿佛一条时光的胶卷，在妈妈的脑海里留下你成长的轨迹……"

妈妈忆着忆着，把林蜜从小到大的"光荣事迹"说了个遍，她从一开始的插嘴到后来静静地聆听，最后眼眶湿润了。

林蜜心里仿佛有一团热热的岩浆，想要喷薄而出。

妈妈，你知不知道，当你回忆我出生的时候，脸庞散发着耀眼的母爱光辉，刺得我好想哭；你知不知道，你描述我慢慢成长的时候，眼睛里一直流露着慈爱的光芒，让我不禁为之动容。虽然爸爸在我成长的道路上总是显得有些严肃、有些含蓄，但是我知道，他爱我的心和妈妈是一样的。

当我还很小的时候，你们花了很多时间教我用勺子和筷子吃东西，当我上幼儿园的时候，你们教我穿衣服、洗脸、洗头发、绑鞋带、扣扣子，当我稍稍懂事的时候，你们教我做人的道理……

从小你们就将我捧在手心，含在嘴里，把我当成你们手心里的一块宝，你们无私地把所有的爱都奉献给了我，因为我是你们的结晶，是爱的延续。

你们的爱无处不在。早上我还在梦中的时候，你们就要起来给我做饭；当我高高兴兴去上学的时候，你们却要为了让我过更好的生活而奔波劳碌；当我放学回家了，你们还要放下一天工作的疲惫为我洗衣做饭。可是，当我慢慢长大，开始有了独立意识后，我曾讨厌过你们的唠叨，无意间，和你们产生了隔阂，每每总要等到失败摔得鼻青脸肿后，才知道你们对我讲过的那些话都是金玉良言。翅膀还未硬的我，却想摆脱你们展翅飞翔。每每总要等到自己受伤后，才知道你们的怀抱是最温暖的避风港。

有人说，世上最大的恩情，莫过于父母的养育之恩。是的，这个世界上最无法偿还的情就是你们生我养我的恩情了。它值得我用生命去珍惜，用至诚的心去感激，用切实的行动去报答。

但是现在，我只想最真诚地对你们说一声：谢谢你们带我来到这个美好的世界，谢谢，我爱你们，我亲爱的爸爸、妈妈。

"收集"一个挚友

在若夕出生前，她恬静地待在妈妈的子宫里，从未感觉孤独，因为有妈妈温暖的体温和温柔的爱环绕在身边；当若夕出生以后，也没体会什么是孤独，因为所有亲人的爱和无微不至的照顾已经把若夕包裹得密不透风。等到若夕上了学，突然发现，没有爸爸妈妈围绕在身边了，没有爷爷奶奶呵护在周围了，她才首次接触"孤独"这个词。这个时候，结交朋友就成了驱赶孤独最好的办法。

刚上学那阵子，不懂得如何交朋友，很多同学一下课立刻三五成群自来熟地玩耍在一起，而若夕却孤单一人。她蹲在学校的甬道上看小蚂蚁搬家，一下就有了孤独的感觉。同学肖美不知何时蹲在若夕旁边，递给若夕一个绣着向日葵的白手帕，若夕才发现蚂蚁洞的旁边有她垂下的泪珠把小蚂蚁给困住了。

"怎么了？"肖美细声细气地问若夕。

"没什么，就是突然感觉有点儿孤独。"若夕噘着嘴说。

"什么是孤独？我不太懂，咱俩可以一起玩游戏吗？"肖美甜甜地笑着对若夕说。

若夕迎着阳光望向她，肖美虽然处在逆光，但是笑脸仿佛太阳一般绽放出灿烂的光芒，十分美丽。

"好！我们去玩跳房子。"若夕破涕为笑。

长大以后，学会了上网，某一天在一个陌生人的QQ空间里看到这样一句话：往前一步是幸福，退后一步是孤独。是啊，每个人都有孤独的时候，就看你能否想办法解决孤独、摆脱孤独，如果像肖美一样主动伸出友谊之手结交朋友，消灭孤独是轻而易举的事。如果像若夕一样被动去等待朋友自动上门，那么恐怕孤独就会时刻黏着我们，甩也甩不掉。

"有朋自远方来，不亦乐乎。"从古至今，朋友都是每个人生命中不可或缺的成员。在当今这个竞争激烈的年代，当很多人都在关心你飞得高不高时，唯独朋友会关心你飞得累不累，也只有朋友会为你送上你最需要的关怀。

然而，茫茫人海中，结交一个朋友，非常简单；结交一个挚友，却是不易。

初中的一次交友不慎给若夕留下一段遗憾又伤心的往事。那时，若夕根本不知道真正的好朋友是怎么样的，若夕和美丽的她成了形影不离的朋友，她们一起回家，一起上学，一起学习，一起畅谈心中的理想。心情不好时，总是被她的可爱逗得开怀大笑。她们在一起的那一个月真是愉快。有一天，若夕发现她神色有些异样，便问她，她只是微笑着说没什么。午饭后，若夕四处寻找她，走进教室，发现一个熟悉的身影正从她的书包里掏出高级钢笔，随后，又赶紧放进自己口袋里，而那支钢笔正是前几天爸爸给若夕买的，非常漂亮，若夕一直没舍得用，放到书包里天天带着，若夕只告诉了她……顿时，若夕的心如刀割一般。之前若夕还以为她家发生了什么事，一直在担心她，一个月的相处，换来的竟是这样的结局。后来又从别的同学那里听说，她跟同学们说，虽然若夕学习好，相貌却不如她美丽，这样的若夕更能衬托她的出众。那时的若夕着实受伤不小，小小年纪因为没看清人的真面目而付出了心灵那份最真挚的感情。

在人生道路中，朋友多了路好走，而有的朋友却心怀不轨，这样的朋友会让你寸步难行。朋友应该是会为你着想的人，不是向你索取的人，也不是为达到某种目的而和你相处的人，所以我们需要一个挚友。或许我们在寻找的过程中，会受到来自朋友的伤害，但不要为了一时的伤痛而否定一切。真正的朋友一定会到来，她会为你付出很多，也会有真正的友谊，这些都能产生巨大而神奇的力量。

挚友应该是这样的：她是一个会祝福你、关心你的知己，当你孤独落寞时，她就是一方绣着温暖向日葵的手帕，为你拭去眼角的泪水；当你骄傲自满时，她就是一面警醒的大钟，敲响你陶醉的心；当你受挫无奈时，她就是一朵温柔的解语花，为你抚平烦恼的思绪。虽然她有时也会与你生气、吵架，那偶尔的寒光也曾刺痛你的心，但是风雨过后，便迎来了美丽的彩虹。这就是真正的挚友。寻找一个挚友，能让你的人生更丰富。

生命中永不可忘怀的恩师

沈烟是个不良少女——这是大家给她的评价。

坐在教室最后一排的沈烟染着一头枯黄的齐肩发，耳朵上穿了好几个耳洞，嘴里经常含着泡泡糖，没事就吹两下。当同学们都埋头复习功课或写作业的时候，她就使劲儿地吹，然后在泡泡爆炸的那一刻哈哈狂笑几声，一副不羁的样子。同学们都忙着学习，没人搭理她，即使有那么一两个同学对她表示不满，也通常只是给她几个白眼而不是叫骂。这时候的沈烟眼睛里就会流露出落寞的神情。

沈烟跟同学们说自己在学校外面有个男朋友，对她很好，一提到他，她就会笑容满面，她说男朋友多么有钱、多么帅气、对她有多么好，她要天上的月亮，他都会想办法给她摘来。她以为说这些大家没有经历过的事情，大家就会好奇地围住她问这问那，可同学们早就厌烦了这些无趣的话，因为沈烟经常讲，而且情节雷同。

某天晚自习，沈烟从网吧回来，沾染上了满身烟味。她大大咧咧地坐在后排，自言自语地说："昨天我失恋了，你们这些乖宝宝知道什么是失恋吗？你们连恋爱都不懂，不懂……只有他对我好，现在连他也离开我了……其实，也许我也不懂什么是恋爱，或许我只是想……要些温暖……"然后趴在桌上哭了起来。

期末发成绩单的时候，老师在台上讲评成绩，总会提到有个人拖班级的后腿，然后若有所指地看沈烟一眼，她就苦笑一下，趴在桌上，闭起眼睛。同学们不知道她在想些什么，也没人关心她想些什么。

日子一天天过去，沈烟终于混到了初三。

新学年开始的第一个早自习，消息灵通的同学带来一个新闻——班主任换人了。

她是学校新来的老师，清秀的脸上有一双清澈而黑亮的眼睛，很爱笑，一笑起来露出两个酒窝，甜美可爱。很快，每个同学都喜欢上她，和她亲近起来。因为她和以前那个古板的班主任太不一样了。她是语文老师，但她不像其他老师一样爱留一些记诵课文、抄写词语释义的作业，她的作业很特殊，每天只写一篇日记，每周由她批阅一次，字数不限、风格不限、题材不限。按照沈烟以往的脾气，才不管她是谁，作业是什么，但新老师温柔的微笑让她涌起了一股冲动，她破天荒地写了一篇日记交了上去。

　　这天，又到了例行班会，没有什么主题，自由发言，谁想说什么就上讲台说。新班主任做什么事都很民主，给学生们充分的自由。大到宇宙黑洞爆炸，小到街边小排档谁家好吃，都可以说。同学们争先恐后地发言，内容五花八门，妙趣横生。班会上的畅所欲言使同学们感觉特别开心，不但锻炼了面对面交流的勇气，还锻炼了口才，更释放了学习压力，所以每周的班会大家都特别期待。

　　班会达到高潮的时候，沈烟突然举起了手要发言。同学们都很惊讶，以往的沈烟什么都不爱参与，课不好好上，作业不按时写，值日更不会参加。今天这是怎么了？

　　沈烟注意到了同学们惊讶的目光，有了些许犹豫，但在班主任鼓励的目光中还是走上了讲台，深呼吸了一口气，才开始缓慢地一字一句地把自己写的那篇日记念了出来。这篇日记的内容让同学们更加惊讶。

　　沈烟的父母在沈烟刚满月时便离异了，没过多久，双方相继再婚。没人乐意带着沈烟这个"拖油瓶"开始新的婚姻生活。于是，沈烟被外婆接过去含辛茹苦地抚养着。外婆的心脏有病，就在小沈烟下定决心长大以后赚钱给外婆好好看病时，外婆因为突发心梗，就那样离开了她。父母和亲戚像踢皮球一样把她踢来踢去，谁也不肯接收她，每个月只是给她寄点儿钱。沈烟内心的乌云越来越密，终于，当那片乌云变成瓢泼大雨重重地砸向她柔软的内心时，她开始学习抽烟、酗酒、染发、打耳洞、交所谓的"男朋友"。没人能够了解她痛苦的内心，大家叫她不良少女，从心底里鄙视她，看不起她，当她是透明人。直到这个新老师的到来，她把她内心深处最脆弱的一面完全写到了那篇日记里交了上去。而新老师不像以前的老师那样只会在她日记里用刺眼的红笔写上"已阅"两个大字，她写下的是："无论阴雨天还是艳阳天，我都愿意做你头上的那把伞。"当沈烟说到这一句时，已是泪流满面。不知是谁带头鼓了一下掌，掌声渐渐变成了热烈的一片。同学们从此理解了沈烟的"与众不同"，而沈烟也在那次班会后开始积极地改变自己。

老师短短一句话，改变了沈烟对人生的看法，从此，她变得快乐、自信、勇气。此后，那种爱的力量一直伴随她走过人生路上的风风雨雨。

在你的生命中，是否也曾出现过这样一个人？他可能是你的老师，也可能没有对你传道授业，然而他能够一眼洞察你的潜力，永远鼓励你去做出新的尝试。在你失落时，让你看到希望，在你得意时，为你敲响警钟，使你不致偏离轨道，他让你深信你一定会成功，在平时他是你学习的典范，在特别的时刻，他会助你一臂之力。

他就是你生命中永不可忘怀的恩师。

如果在你成长的路上，也珍藏着一段动人而温馨的故事，如果故事里有这样一个人，虽然与你没有血缘关系，但是依然源源不断地给予你最真挚的关怀，那么请把他牢记在心中，他会成为你前进的动力，成为人生路上永远照亮你前程的启明灯。

关爱生命

校园里发生了一件不幸的事情。有个男生因为淘气，从楼梯的扶手上往下滑，失去平衡后折了下去，颈椎受到重创，送到医院后抢救无效死亡了。

这件事给同学们的触动很大。

老师在谈到这件事的时候不无感慨地说："生命是渺小的，就像大海中一粒粒金黄的细沙；生命又是伟大的，就像泰山上一棵棵挺拔的苍松。父母给予了我们生命这个美好的东西，它很珍贵，属于我们只有一次。我们生活在这个世界上，会遇到许许多多苦难。有人在苦难面前倒下了，也有人在根本不算苦难的面前，轻易舍弃了自己的生命。"

"有时候做一件有危险的事情而不考虑后果，也是不热爱自己生命的表现。比如这个男同学，尽管他只是因为淘气，不是故意去损害自己的生命，但结果让人唏嘘不已。且不说他自己的生命从此戛然而止，辛辛苦苦将他养育长大的父母又该是多么伤心，与他日日学习在一起的同学又该是多么难过。他的生命就这样在世界上消失，却把伤心和难过等一系列的痛楚留给了他周围的人。"

"同学们，你们知道生命的意义是什么吗？回家都好好思考一下吧。"

绮霖的爸爸是个老股民，没事常和妈妈聊关于股市的那些事情。

有一天绮霖听到爸爸说有人跳楼。绮霖好奇地问谁跳楼了？爸爸说，一个二十多岁的青年，他的父亲得了重病，需要一大笔手术费，他跟亲戚朋友借钱，因为借来的钱远远不够手术及后续治疗的费用，他便铤而走险拿这些钱去炒股，希望一夜暴富，既能还亲戚的钱，又能给父亲治病。但是股票没有如他所愿地上涨，反而暴跌，他把借来的几万元全赔光了，他既羞愧，又无法面对亲人，一时想不开就选择了跳楼。

他走到证券大厅对面的一个高层大厦，从一楼坐电梯到顶楼，再到跳下去，仅仅用了五分钟时间。短短的五分钟时间，就结束了一个曾经存在二十多年的生命。

绮霖想起学校发生的那件惨事，陷入了深深地思考中。

生命，对于每个人来说，只有一次。

即使我们面临的生活有再多的苦难，也不该像那个青年一样因为生活的重压而借钱去炒股，把生命孤注一掷地放到一根细细的钢丝绳上去赌博。最后他输得一塌糊涂，就选择了逃避，甚至做了损害自己生命的事情。

这完全是一种对自己不负责任的表现，更是一种不爱惜生命的心态反应。

生命是个单程的旅行，从生到死，这看似漫长的时间，其实只不过是白驹过隙。如果岁月是一条无限延长的射线，而我们只是上面有限的一段，那么在这有限的时光里，在这仓促的一瞬间，我们怎样才能无怨每一个花开花落，怎样才能坦然每一个云卷云舒？

无论是工作的大人还是学习的孩子，在各式各样的压力冲击之下，每个人都承受着超载的压力。似乎紧张有序的生活和横流猛升的物欲使我们每个人的心态都发生了微妙却又剧烈的变化。但是在社会日新月异变化的今天，我们应该始终保持良好的心态去面对生活。

曾看到这样一句话：热爱生命吧，因为你活着的时间很短，死亡的时间很长。

生命是个单程的旅行，我们每个人都应该学会热爱自己的生命，珍惜父母给的这次生命之旅。热爱生命，只有乐于生的人才能真正地不会为死而苦恼，只有珍爱光阴，活在当下的人，才能不为生活中的困难所牵绊，从而感受到生活缤纷独到的乐趣。

生命是美好的，是宝贵的。今天初出土的嫩芽，明天可能就是参天大树；今天含苞的花蕾，明天也许就会美丽地绽放；今天绚烂的春花，明天或将融进泥土的温床。生命存在于今天，生命活在当下，每一个细节都有深情，每一个转角都蕴藏着生机。

我们每个人都应该好好珍惜自己的宝贵生命，都应该拥有良好的心态，认真对待生命，做生活的强者。

当快乐来临时，它提醒我们要感谢生命；当痛苦降临时，它更提醒我们要感谢生命。痛苦又何尝不是快乐的伙伴呢！或许我们的生命中没有永远的快乐，但也不会有永远的痛苦。

让我们学会抛弃烦恼，去热爱生命吧！这样我们这趟生命之旅才有意义，才不白来这世上一回。

珍惜离别前的快乐时光

一部布满樱花的动画片《秒速5厘米》用温情的画面讲述了两个好朋友离别的故事。

贵树和明理是两个形影不离的好朋友，后来明理转学，贵树也随着父母的工作调动换到了遥远的鹿儿岛。我们的童年也经常会有这样的分别。分开之前，贵树乘坐新干线千里迢迢地去与明理见面。漫长地等待后，在枯萎的樱花树下两个人深情相拥，彼此约定了下次看樱花的时间。可时光荏苒，两人没有再相遇，尽管彼此搜寻，但也枉然，他们彼此已经有了各自新的生活，尽管梦还是小时候的青涩与美好，但童年时那段真挚的友谊只能深深地埋藏在彼此的心里了。

看完这部动画片，我们一定会有许多感慨。

人从一出生，就在为了各种事情而努力学习，为了生存下去，要学会吃奶；再大一些呢，为了使自己变得强大，要学习各种技艺，努力成为自尊、自爱、自立、自强的人，亦从普通到优秀、从优秀到卓越；然后为了繁衍的本能，为了满足人类高级情感要求，要学习获得爱情，要成家立业。我们一直不停地学习，学习这，学习那，但我们从未刻意去学习接受离别和失去。

小学一年级的期末考试，云朵考了个第一名，妈妈给她买了一个会眨眼睛的洋娃娃，她很喜欢，终日不离怀，走到哪儿带到哪儿，结果有一天，一个不小心把它掉进河里了，看着它随水漂远，云朵哭得一塌糊涂。回到家里，爸爸和妈妈都责怪她，怎么那么不小心啊，怎么不知道爱惜呢，丢了就丢了吧，再给你买你还是会弄丢的！痛上加痛，云朵再次大哭。她不愿意接受心爱的娃娃离开她的事实，不愿意因为失去了娃娃的同时也失去了父母的信任，还要在心痛的同时承受责备，这让云朵愁绪万千，难过不已。即使后来亲戚朋友送给云朵各种各样比那个娃娃好很多的礼物，也都不及那个娃娃对她有意义。

其实我们每个人一生中都要经历许多次离别和失去。当我们呱呱坠地的时候，我们离开了妈妈温暖的子宫；当我们背着小书包独自去学校报到时，我们离开了父母温柔呵护的羽翼；当我们考上外地的大学时，我们要离开这个熟悉十多年的城市；当我们最终老去快离开这个世界时……这些都是不经意的离别，是我们别无选择只能接受的离别。当我们青梅竹马的邻家伙伴搬家远走时，我们一下子尝到了孤独的滋味；当我们相处日久的同学因故转学时，我们依依不舍；当我们敬爱如妈妈的老师调任离职时，我们感觉一颗心似乎失去了依傍；当我们的亲人因病故去，我们亲情的世界仿佛坍塌……我们悲痛、伤心、难过，在不短的一段时间里，沉浸在这种情绪中不能自拔。因此，有的人耽误了学习，有的人错过了生活中美丽的彩虹，浪费了许多时光。其实我们在生活与学习的间隙，真应该抽出一点时间来认真地学会接受离别和失去，学会如何处理这种负面的情绪。

云朵想明白了这些道理以后，找个静静的夜晚，打开音响，让轻柔的音乐自由流淌。她躺在床上，让自己轻松下来，闭上眼睛，慢慢地放松自己，调节着一呼一吸。

当从头到脚都放松下来的时候，她仿佛能倾听到血液流动的声音。一切都是那么安静。

黑暗中，云朵回到了那个与娃娃离别的时刻，看到了丢失洋娃娃的小小的云朵正在伸着手，试图去捞掉进水里的洋娃娃，但捞不到，娃娃越漂越远，小云朵开始哇哇大哭。云朵走到那个小小的她的面前说："不要难过，我是长大后的你，我来陪伴你，帮助你。洋娃娃陪你过了一段非常美好的时光，现在它要去别的地方了，去陪伴捡到它的小朋友，它会带着跟你相处时的快乐离开，也会把这份快乐带给别的小朋友。不要再为了这样的离别和失去而继续难过下去了，也许更多的快乐就在你的难过中悄悄地溜走了。"

那个小小的云朵就是云朵心里一直以来舍弃不下的离别之情。失去洋娃娃的难过使云朵忽略了身边许许多多的快乐。我们生活中那些令人难过、痛苦的离别和失去，又何尝不像洋娃娃一

133

样带给我们心灵以创伤呢？我们很多人都在成长过程中遇到过这样的离别，我们感觉委屈、无奈，对生活也产生了愤怒与怨恨的想法，我们希望生活一帆风顺，亲情、友情、爱情样样顺遂，永远围绕在我们身边，对我们不离不弃，但离别和失去却使我们留下了孤独、无助和辛苦的后遗症，然后使我们对生活更加绝望，进而进入一个死循环。

其实只要我们内心保持一份拥有美好生活的动力，接受离别和失去也就不是那么难了。时间无法倒流，过去的就只能永远过去了。珍惜离别前的快乐时光，也珍惜失去后的宝贵日子，不要再白白浪费光阴在逝去的事物上。把心敞开，你会发现，接受了离别和失去的我们，会变得独立而坚强，乐观而幽默，能带给自己与别人很多快乐。自己安抚好自己的情绪，摆脱负面情绪。这个世界因我们自己而存在，它是灰暗消沉的还是五彩斑斓的，全因我们自己的心情而建造。

学会接受离别和失去，照顾好自己，一切都将云淡风轻。

请敞开你的心扉

　　玉妍静静地在马路边找了一个台阶坐下，几个小时都没有动，想等天黑透，然而天黑透以后，她也不知道何去何从。天地之大，竟然没有能让她容身的地方。

　　各种颜色的路灯、车灯打下来，照在玉妍身上，她似乎更加迷惘了。

　　不远处坐着一个年轻的女孩子，牵着一只小鹿犬，它有着细细的手腕，细细的脚踝，叮当作响的铃铛，大而突出的眼睛。

　　玉妍歪着头盯着那只小鹿犬看，它也睁着湿漉漉的漆黑幽邃的眼睛回敬她。

　　玉妍突然觉得，她似乎完全失去了跟父母和老师生气的理由，仅仅因为一只小鹿犬那濡濡的眼神。

　　女孩子解开绳子，放小鹿犬自由地去玩。

　　没想到，它会第一时间向玉妍奔过来，然后站在她面前仰着头看她。

　　玉妍一个没忍住，"金豆子"一颗一颗地掉了下来。

　　她知道翘课是不对，可她那是正正经经地学雷锋做好事啊！

　　玉妍家离学校非常近，中午都是回家吃饭。在午后上学的路上遇到一个迷路的老奶奶坐在路边抹眼泪，老奶奶说她人老了记性不好，找不到回家的路了。

　　学校经常教育同学们要助人为乐，玉妍觉得"立功"的机会来了，于是热心地提出帮老奶奶寻找回家的路。先是引导她，回忆她家附近有什么建筑，建筑有什么特征，她家都有什么人，大概走出来多远了，等等。老奶奶似乎真的糊涂了，一会儿说家在那边，一会儿又说家在这边，玉妍一直非常有耐心地陪着奶奶找回家的路。最后玉妍陪她去了附近的社区，终于联系上了她的家人。为此，玉妍付出了翘课的代价。但是面对老奶奶找到家的笑脸，她欣慰地笑了。

　　到了学校，几乎到了放学的时间，老师不问青红皂白当着同学的面让玉妍到走廊罚站去。

　　同学们都背着书包从教室走出去，玉妍站在门边被行了无数次的注目礼。他们一定会想：这个三好学生也有翘课贪玩的时候啊。

　　事实不是这样的！不是这样！玉妍委屈得心里直哭，但硬是紧咬住嘴唇没发出一点动静。

　　默默罚站到太阳只剩一圈红色轮廓的时候，老师才叫玉妍过去问她翘课的缘由。对于老师的不信任，倔强的玉妍愣是一声没吭，嘴唇咬得发白。平常的玉妍是优等生，学习成绩优异，无论运动项目还是课外社团活动都是佼佼者，如此骄傲的玉妍不允许自尊被老师忽略得一干二净，所以她坚决不给老师面子！老师看玉妍不吭声，愈加认定她是出去玩了，干脆给玉妍父母打电话，让他们教育她。

可想而知，玉妍拖着疲累的身子刚回到家，就被父母叫过去劈头盖脸地训斥了一顿，一气之下，玉妍离家出走了。

是的，玉妍离家出走了。

出门前，玉妍砸碎了多年宝贝的陶瓷小熊维尼扑满，把里面所有的积蓄都装进了背包，可见她出走的决心有多大。她无法忍受大人们那"尖酸刻薄"的话语，也不知道怎么面对第二天同学们"怜悯同情"的眼神。临出门的时候，父母没看出玉妍的意图，他们失望地望着她，仿佛她一直是个坏孩子，使他们蒙羞。

背包安静地躺在玉妍的脚边几个小时，她离家出走的决心却在一只小鹿犬默默地注视下土崩瓦解。

有什么不能解决的事情呢？玉妍想。

玉妍只考虑到自己受委屈被冤枉而难过的心情，却没考虑老师和父母是怎么想的，为什么要对她这么严苛。让心情沉淀下来以后，她发现，其实不是什么大不了的事，只是缺少必要的沟通而已。

她快步地走回家。

门开着，父母焦急地坐在客厅里，电视屏幕一片漆黑，妈妈的脸上似乎还有泪痕……墙上的挂钟指针已经在12的位置集合了，看到玉妍回家，他们明显松了一口气。

原来，老奶奶的家人联系社区主任打听到玉妍家，亲自上门送了感谢礼，父母这才知道冤枉了玉妍。

事情的真相就这样没有悬念地拉上了帷幕。

离家出走的这几个小时，玉妍感觉她就是课本里说的窦娥，甚至比窦娥还冤。可是当她看到父母焦急的样子时，又觉得一切都不算什么了。

玉妍没说什么，父母也没说什么，只是他们快步地迎向彼此，紧紧地拥抱在了一起。

玉妍瞬间理解了父母的心情。他们布满血丝的眼球泄露了太多的秘密。她忽然明白，和父母之间没有隔夜的仇，没有解不开的疙瘩。一切都是出于爱。正因为她是好学生，老师才为她"出格"的举动而痛心疾首，正因为她一直是家里的乖宝宝，父母才为她"出格"的行为更加意外而导致言行偏激了一些。

或许他们冤枉了玉妍，但玉妍也足够任性。很多事情自己不说出来，别人也不是你肚子里的蛔虫。被误解了也不单单是一方的事，所谓一个巴掌拍不响。倔强是玉妍最大的缺点。如果当初老师让她去走廊罚站的时候她就大声地说她去学雷锋做好事了，如果回家的时候，她马上跟父母解释翘课的原因，如果她离家出走之前能体谅一下父母的心情……事情已经发生了，没有那么多如果了。虽然她翘了一次课，但是她不后悔。因为这次的事情让她想明白了更多的事情，也更加深切地体会到父母对她真挚的爱。

　　玉妍在父母温暖的怀抱里想：如果我早早地敞开心扉，把心里的话说出来，讲清楚，不在自己的内心筑一道自我保护的堡垒，那么事情根本不会变得这么糟糕。下次要长记性了。

拥有"挑战规范"的勇气

　　妈妈说，许蓝生下来以后，就被放到一张小床上，那张小床周围有围栏，能够保护她的安全，防止她掉下去。还没上学的时候，奶奶教她写字，拿出一个可以擦的小黑板，方方正正的，外圈有个白色的框框包着，能够接粉笔灰。上小学以后，老师留写字的作业，作业本是一个个的田字格，字要写在田字格里，防止字大小不一。课余和小伙伴们玩跳房子，用粉笔在地上画格子，一个连着一个，单脚从这个格子跳到那个格子，跳到格子外面就罚下场。爷爷让她陪他玩棋类游戏，军棋、象棋、跳棋，每个棋子都要在格子里有规律地挪动，否则就是犯规。

　　仔细回想一下，原来大家从出生就受格子的限制，这些格子默默地暗示人们要小心翼翼，不要出格。有人说，格子代表规范，也是将越轨的事物纳回规范的工具，人生需要格子的约束。

但并不是所有人都会认同格子的约束，墨守成规、循规蹈矩的生活和学习。某些人的天性里具有挑战规范的因子，比如许蓝看到的这个故事。

美国的大学生活中，很重要的一环是美式足球赛。麻省理工学院的美式足球队很烂，就成为哈佛学生取笑的一大把柄。哈佛所属的常春藤联盟，每年都有热闹的美式足球对抗赛，尤其是哈佛对耶鲁的比赛，那是两所学校的大事。

有一年，耶鲁大学美式足球队到哈佛主场来比赛，球场上挤进了超过三万的观众。两队打得难解难分，上半场结束，中场休息了。正当球员退场、啦啦队进场之际，突然在球场正中央响起爆炸声，把大家吓了一大跳。惊魂甫定，一看，球场裂开一个小洞，从里面冉冉升起一个气球，气球愈变愈大，上面写着代表麻省理工学院的"MIT"三个大字母。

原来是麻省理工学院的学生趁夜潜入哈佛球场，埋伏了这项自己巧妙设计的开关，成功地在那个场子里抢走了哈佛、耶鲁的风头。过了两年，耶鲁足球队又要到哈佛主场来比赛时，整个剑桥城，包括哈佛学生热烈讨论的，不是两队可能的胜负局面，而是麻省理工学院的学生会不会又来搅局，会用什么方式搞恶作剧，哈佛校方又采取了什么措施予以防范。

这些都是几十年前的事了，但到今天还在哈佛与麻省理工学院学生间普遍流传。这些故事，非但无害于麻省理工学院的荣誉，甚至还是许多第一流学生向往麻省理工学院的主要理由。他们从中感受到了一种活泼、不拘一格、容许创意的学风。

以前的许蓝经常问自己："你是一个勇敢的人吗？你能把至今为止做过的出格的事情列举出来吗？"在百般思索之后，她惊讶地发现，一件出格的事情都没做过。原来自己是这么"乖巧"的孩子。

于是被故事感染的许蓝也决定干一件出格的事儿。

那天天气稍微有点儿阴，偏偏又接连上了三节枯燥的数学课，同学们纷纷趴在桌上小憩。许蓝从作业本上撕下一张纸，叠了个纸飞机，突然站起来向班级的最后方扔去，并喊着："喂——亲爱的同学，你——们——还——好——吗？"

纸飞机一下穿越数张书桌，直奔教室最后方，就像黎明的第一缕曙光，细细的一线，却坚韧不拔地划破阴霾的夜空，将黎明前黑暗的幕布撕扯开来。后面的同学一看，也起劲儿了，纷纷撕纸叠飞机扔向各个方向，同学们你扔一个、我扔一个，这个喊着"看我的波音747"，那个嚷着"还是我的神舟十号给力啊"，"都给我闪开！看我的'嫦娥三号'"。顿时教室里一片欢声笑语，满屋都是纸飞机。课间的十分钟不知不觉地过去了，没有人察觉教室的门什么时候打开的，也没有人察觉那个纸飞机是谁扔出去的，而且那么巧正好扔到了班主任的头上……随着班主任的一声"河东狮吼"，同学们呆呆地扭头看着班主任，或坐或站，有的还保持着扔飞机的动作，嘴巴都张成了"O"型。

"说吧，谁带头扔的。"班主任装作轻描淡写地边说边站到了讲台上。只要是明眼人，都能看出她在生气，而且有发飙的趋势。如果用漫画里的表情来表达，应该是这样的：生气——

"╲_╱"。

"我！"班长站了起来。

许蓝惊讶地看着班长，带头的是她这个学习委员，他为什么当替罪羔羊呢？

"还有我！"班主任最疼爱的英语课代表也站了起来。

"我！""我也带头了。"

随后，班里的干部全站了起来，许蓝也站了起来。同学们像雨后春笋般一个个站起来，最后全班同学都站了起来。

这次换班主任的嘴巴张成"O"型了。

"你们……"

同学们在彼此的眼中没有看见犯了错误以后一定要改正的忏悔，反而闪烁着"真痛快，早就该大闹一场了"的眼神。最后，班主任笑了，大家一起哈哈大笑起来。

帕斯卡尔说："人只不过是一根芦苇，但他是一根会思想的芦苇。"既然会思想，那自然免不了产生些与众不同的念头，做出些出人意料的事情，这也就是所谓的"挑战规范"吧。没有挑战规范，哥白尼难以找到开启天文殿堂大门的钥匙，也就没有了"日心说"的辉煌；没有挑战规范，盖茨不会做出离开哈佛的惊人之举，也就没有了今天的微软王国；没有挑战规范，爱因斯坦不会敢于向屹立不倒的经典物理学提出挑战，也就没有了人们对物理的全新审视……古往今来，大凡有卓越成就的人，都拥有"挑战规范"的勇气。因此，当我们在漫漫人生画卷上恣意挥笔时，也该多些精彩，多些挑战。

144

快乐无处不在

　　"小时候，快乐很简单。一根小小的棒棒糖就足以满足一颗童心，一句小小的夸赞就足以笑得开颜，一枚小小的硬币就足以带来快乐。那时候，快乐就是无忧无虑，牵着小伙伴的手四处疯跑，跳皮筋，打口袋，一起玩躲猫猫，偶尔向长辈们撒撒娇，抑或是盯着电视机随着动画片里的精彩剧情兴奋激动……小小的心里，有着太多的快乐。"

　　"可是奶奶，为什么我现在感觉不到那种单纯的快乐了呢？每天天没亮，我就已顶着一片繁星走在去学校的路上，晚上上完晚自习，伴着路灯回家，到家以后要做很多作业、卷子，温习功课，预习第二天要学的课文，深夜才关上台灯就寝。而没睡多久，又起床了，一天又从顶着星星去学校开始，电视再也没有时间看，玩耍的时间也没有，这样周而复始下来，我有些厌倦了，感觉生活太无趣，一点儿快乐都没有了。"

刚回到家已经晚上8点了，吃完饭还要去写很多作业，简英闷闷不乐地趴在奶奶的膝盖上向她抱怨现在的生活和学习状态。

奶奶把简英的碎发顺到耳后，抚摸着她的头，像小时候那样，轻轻地，温柔地，简英不禁闭上眼睛享受这短暂的偷闲时光。

"'你快乐吗？'这是一个简单的问题，也是一个复杂的问题。"奶奶说。

"记得有一个记者曾就这个问题采访过许多人，大家的反应出奇得相似：先是一愣，然后便神色茫然。'快乐？偶尔有，但很短暂。'其中一个人沉思良久后回答。'平时那么多的事情让你烦心，在你身边有的人成绩突飞猛进，有的人一夜成名，有的人服饰华丽……这一切变化是如此迅速，你能不着急吗？你得拼命去赶上他们，哪里有时间快乐呢？快乐？将来吧！或许等这一切都稳定稳定就好了，那时就会快乐了。'"

"是啊，我感觉也是这样的，为了获得一个好成绩，我起早贪黑地学习，努力的汗水终于换来硕果，却也疲累极了。当我努力的同时，别人也在努力，步步紧逼我的排名位置，我每天都要更加努力，来捍卫我在班级的名次和学校的排名，快乐这种奢侈的东西似乎离我有点儿远了……"

"呵呵。"奶奶笑了，"我觉得你没明白什么是快乐，奶奶活了大半辈子了，对快乐的体会比你更深一些。我们不妨换一个角度来看，或许快乐就在你身边"。

然后奶奶给简英讲了她看过的一个小故事。

在崔永元所著的《不过如此》一书中，有这样一段对话：

一天，鞠萍见崔永元忧心忡忡，便打趣地问道："小崔哥，有什么不开心吗？"

崔永元不知从何说起，一声叹息。

鞠萍问："你以前上班骑自行车吧？"

崔永元说："骑，刮沙尘暴都骑。"

"挣的钱也没有现在多吧？"鞠萍又问。

"那当然。"崔永元说。

鞠萍听后笑了，一脸的阳光，对崔永元说："好日子过着，还有什么不快乐的？"鞠萍几句话，说得崔永元一切烦恼皆除，一身轻松。

法国哲学家、教育家阿兰说："一个聪明人，如果他是忧郁的，总会找出足够的使自己忧郁的原因；如果他是快乐的，也会找到足够的快乐的原因。"

因此，每当我们遇到一些烦心事时，就应像鞠萍开导崔永元那样，换一个角度去想事情，学会挖掘和寻找快乐。

学习课本的时候，不要只为了分析段落和作者的用意而盲目地学习。其实只要认真地阅读，你会发现，课文里的故事情节跌宕起伏，引人入胜。如果你能走进书中，还可以感受主人公的情感，会随着变幻莫测的故事情节或落泪惋惜，或一起喝彩。还能从地理、历史、生物等各个科目中领略异域风情，增长科学知识，去探究更多的乐趣。

　　学习中还有斗争，有比赛。在每次考试时定一位竞争对手，看看在考试后谁的分数高。当你一次次超越对手时，你一定会从考试中体会到一种无与伦比的快乐。

　　做数学题时，如果碰到一道难题，可能会一下子蒙了，但是，只要你静下心来，苦思冥想，画线段图，列方程，一遍遍地尝试，在草稿纸上一次一次地演算，终于想到了答案时，那一刻，你会有一种特殊的愉悦感，那是一种获得成功的快乐。

　　当你放开情怀和思路，写出一篇精彩的作文，被老师认可后，你又会有一种自豪感油然而生。这也是一种快乐。

　　生活和学习中有很多快乐，就来源于成功的感觉。越能愉快地生活和学习，产生快乐的感觉就越好。快乐就是这样，在你为了一个明确的目的忙得无暇顾及其他的时候，懊恼它没有来找你，其实它一直在你身边，你只是没有善于挖掘它，使它埋没在你的内心深处而已。

　　在我们向某些目标前进并奋斗的过程中，快乐就一直伴随着我们，就看我们是否用心去感受、去享受这过程中的快乐了。快乐不仅仅存在于对结果的满足中，更存在于追寻结果的过程中。其实，只要我们用心发现，善于挖掘，快乐是无处不在的。

与幼稚的自己告别

　　青岚与青颜是小镇里的双胞胎姐妹，从小学习舞蹈。在父母看来，两姐妹的舞都跳得非常好。但是因为妹妹青颜性格比较内向，有怯场的毛病，所以从来没和姐姐一起在学校的联欢会上演出过。

　　有一次，一个选秀节目组到她们镇所属的城市海选。姐姐青岚心动了，对青颜说："咱俩去参加吧。马上要高三毕业了，如果能在选秀上取得一个好成绩的话，说不定能为进入舞蹈方面的最高学府加点砝码呢。"青颜不放心地说："听说就算跳得再好，如果不给评委送礼，他们是不会给你留名机会的，我们还是别白费力气了，有那个时间多巩固一下文化课多好。""不，我觉得是时候伸展羽翼飞向更广阔的天地了，我们不能一辈子待在这个小镇上碌碌无为。我知道你害怕面对人群，那么就由我先去试探一下吧。也许开始会有些困难，但我一定会努力，这也是一次磨炼。"青岚充满信心地说。之后她精心编排了一段舞蹈，坐长途客车去参加了海选，没想到刚跳几分钟就被评委留名了。

"你看，并不像想象中的那么困难吧，你也来参加吧！"青岚在电话里热情地邀请妹妹。

"算了！不是我打击你，海选人数那么多，通过了也不足为奇，以后的困难会更多。如果没有在全国取得名次，之前海选的这些时间都是白费。"青颜有些刻薄地说。

其实她从小就没离开过这个小镇，也没离开过姐姐和父母一天。她有些埋怨姐姐为何抛下她自己去，却又没有胆量上场。她们是双胞胎啊，从小到大从未分开过。可这次姐姐毅然独身前往，她有了种姐姐好像瞬间长成了大人，而她还缩在父母的羽翼下嗷嗷待哺的感觉，她很气闷，更加不愿意去了。

又过了一阵，青岚进入城市海选的前十名了。她回家向青颜诉说淘汰赛上发生的精彩故事，并说，前十名回家准备，然后要到北京去参加全国的比赛。她遗憾地为青颜没有参加而惋惜。

"不过，"青岚说，"听说又一个选秀节目组马上要来我们这里海选了，我去北京，不能陪你了，你去参加吧，一定没问题的。"

"还是算了吧，我没有姐姐跳得那么好，也没有姐姐那么自信，我一上去就怯场，哪次不是姐姐单独上去跳的？"青颜再次拒绝了姐姐的提议，有些阴阳怪气地说道。

青岚没能说服妹妹遗憾地去了北京。在这段时间里，学校的老师和同学都从电视节目上看到了海选中青岚的精彩表演，为青岚喝彩骄傲的同时，很多同学都用惋惜的眼神看着青颜。青颜甚至在上厕所的时候也听到外面有同学议论："唉，你说两姐妹还是双胞胎呢，性格差那么多，一个那么成熟稳重有魄力，一个那么幼稚没主见。看那个姐姐海选都进前十名了，真为我们学校争光。妹妹就……""你们说谁呢！"青颜气冲冲地从厕所冲出去，议论的两个同学看了她一眼住了嘴，低头匆匆走了。看校服的颜色，是低年级的学妹。青颜只好把气憋回去，更生姐姐的气了。

校长正好从旁经过，看到了事情发生的全过程，就把青颜叫到了办公室。沏了一杯茶放到她面前，温和地说："你来尝尝茶的味道。"青颜不安地看了校长一眼。她知道校长是格外喜欢姐姐青岚的，青岚在镇里可算是人人皆知。难道校长要批评她发脾气的事情？

校长拍了拍她的小脑袋，笑着说："放松些，你还真像个长不大的孩子呢。其实，姐姐能取得好成绩，也有你的一份功劳啊。每次姐姐上场演出的时候，你都在下面拼命地为姐姐鼓掌，你和姐姐一起练舞，一起成长，我相信你的舞姿并不逊色于姐姐。你只是还没有姐姐那样历练，才没有她成长得那样快。姐姐已经展翅高飞了，你也应该奋起直追。现在姐姐去北京参加决赛了，恐怕没有时间准备今年的联欢会演出了，你来代替姐姐压轴演出，怎么样？"青颜小声地说："我、我能行吗？学妹们都说我幼稚……"校长安慰她说："你即将高三了，确实应该与幼稚告别了，但成熟不是想成就成的，它需要你在家里、学校里、社会里的无数大事、小事、快乐的事、痛苦的事中磨炼，是不断思考、改正、再思考才能形成的一种外在的气质。青岚就是在这样的过程中不断地磨炼才成熟的，而你却没有经历。听你的父母说，你小时候在第一次演出的时候摔倒了，小朋友都笑话你，所以有了怯场的'后遗症'。没有关系，这次演出前我告诉大家，谁也不许笑话你，谁笑话你我开除谁！"青岚知道校长爱开玩笑，连校长对她说话都像哄小孩子一样，她知道自己真的应该长大了，不能再让大人们操心了。她鼻子发酸地说："嗯！刚才对学妹们发脾气真是不应该，太幼稚了。我一定要学会成熟起来，像姐姐那样不让大家操心。这次演出任务保证顺利完成！"

　　人们都以为，幼稚是与生俱来的，其实不然，当女孩儿像水蜜桃一样成熟的时候，就不该再做些幼稚的事情，因为幼稚是一种无知的表现。幼稚的人就好像孩子一样没有长大，在日常生活中处理事情和面对挫折，都不约束自己，任性而为，从而给别人带来不同程度的伤害。随着时间的推移，长大的女孩儿应该与幼稚告别，做些符合自己的年龄、有分寸、有度量的事情。迈进成熟一定会经历一些辛苦，但美丽的蝴蝶羽化的过程也是需要一番痛苦的挣扎，所以想要成为美丽的女孩儿也是需要蜕变的。快接受成长的事实，与幼稚的自己告别，踏入另外一段成熟美丽的人生之旅吧。

请抓住时间的手

"妈妈,快看,这个统计真可怕!"秦霜举着手里的报纸给她看,"有人曾统计过,一个活到72岁的美国人一生的时间分配是:睡觉21年,工作14年,个人卫生7年,吃饭6年,旅行6年,排队5年,学习4年,开会3年,打电话2年,找东西1年,其他3年……人的一生要浪费那么多时间在没用的事情上,真是没想到。"

妈妈瞟了一眼报纸,慢条斯理地说:"那当然了,以前还有人说,人生一半时间都是在睡觉中度过的,还绞尽脑汁想延长人生另一半的时间呢。"

"那他想出办法了吗?"秦霜问。

"没有。其实我们每个人的生命都是有限的,你不能去延长时间给予生命,你唯一能做的是充实地做自己该做的。时间对我们人类来说是很奇特的，我们无法使时光倒流，也不能使时光缓慢下来，但我们可以控制它的'流向'。有一句名言是'时间待人是平等的，但时间在每个人手里的价值却不同'，说的就是'时间管理'。通过时间管理，让时光流向更有意义的地方。既然提到时间，我就想说你两句……"

"好了，好了，我知道自己对时间不够珍惜，也没能很好地管理时间。"眼看妈妈拉开架势准备教育自己一番，秦霜急忙把话截住，然后掰着手指头开始数自己浪费时间的一些坏习惯："我做事缺乏明确的目标，缺乏优先顺序，还爱拖延，还有……"

"所以趁你还没有老到后悔浪费时间的时候，在你还年轻的时候及时改正吧，浪费时间对你今后的人生会产生不同程度的影响。"妈妈摇摇头，叹了口气。"让我们来看看名人们是如何珍惜和管理时间的吧，通过对名人们的直接学习也是节省时间的一条捷径呢。"

历数古今中外一切有大建树者，无一不惜时如金。汉乐府《长歌行》有这样的诗句："百川东到海，何时复西归？少壮不努力，老大徒伤悲。"古书《淮南子》有云："圣人不贵尺之璧，而重寸之阴。"晋朝陶渊明也有惜时诗："盛年不重来，一日难再晨，及时当勉励，岁月不待人。"唐末王贞白《白鹿洞》诗中更有"一寸光阴一寸金"的妙喻。

法国作家巴尔扎克把时间比作资本，德国诗人歌德把时间看成自己的财产。鲁迅先生对时间的认识更深刻，他说："时间就

154

是生命。无端地空耗别人的时间，其实无异于谋财害命。"法拉第中年以后，为了节省时间，把整个身心都用在科学创造上，甚至辞去皇家学院主席的职务。居里夫人为了不使来访者拖延拜访的时间，会客室里从来不放椅子。76岁的爱因斯坦病倒了，有位老朋友问他想要什么东西，他说："我只希望还有若干小时的时间，让我把一些稿子整理好。"

国画大师齐白石先生从艺后一直坚持每日绘画，勤奋不辍，直到离开人世，他只"休画"过两次，一次是因为他母亲去世，一次则是因为他生病住院，两手无法动弹。在他的名望已经如日中天的时候，他仍然没有一天中断自己的绘画，即使这样，齐白石先生一生最感叹的还是时间不够用。

朱自清先生在他的散文名篇《匆匆》中写道："洗手的时候，日子从水盆里过去；吃饭的时候，日子从饭碗里过去；默默时，便从凝然的双眼前过去；我察觉他（它）去得匆匆了……"是的，时间在匆匆地流失，抓起来就像金子，抓不住就像流水。

再看我们普通人的生活。一个被押在牢里的人会觉得自己的时间不够用，可那么多自由自在生活在阳光下的人却觉得时间不好打发，于是，打麻将、喝大酒成了某些人打发时间的方法，无聊、烦闷成了我们身边一部分人最大的"病痛"。做人，要追求效率，而追求效率，就要跟时间赛跑。明日复明日，明日何其多。总有一天，有些人会猛然发现，属于他的明日其实已经屈指可数。

《真心英雄》中有这样一句歌词："把握生命里的每一分

155

钟，全力以赴我们心中的梦。"只要我们珍惜时间，把握生命中的每一分钟，便无愧于自己，无愧于青春和生命。当时间与你相遇的时候，请抓住时间的手，不要让它从你的身边悄悄溜走。一个放弃时间的人，时间也必将抛弃他。

让努力来改变自己的命运

嘉萝放学的时候听楼下的阿姨们聊天提起，楼上与她同龄的陌沫即将作为钢琴专业的才艺交换生去日本留学了。嘉萝十分惊讶，因为陌沫的爸爸在工地摔断了腿，卧床多年，全家只靠当清洁工的妈妈那点微薄的薪水生活。这样贫困的家境，哪里来的钱去上钢琴课？更不用说买钢琴自学了。

嘉萝打算去拜访陌沫。她们加过彼此的QQ号，但陌沫几乎不上网，在外面也不照面，做邻居这么多年，友谊总还是有的。最主要的是，嘉萝十分好奇，陌沫是怎么成为才艺交换生的。

当嘉萝问出这个问题时，陌沫腼腆地笑了："明天是周日，我带你去我的学校吧，正好我还要去练习钢琴。"

第二天，在陌沫学校的教学器材存放室里，嘉萝看到了一架稍显破旧的钢琴。

陌沫说："这就是我练习钢琴的地方。作为才艺交换生到日本留学，还有奖学金，既可以减轻妈妈的负担，也可以出人头地。我之所以拥有现在的一切，源于我看到的一个小故事。"

"是怎样的一个故事呢？"嘉萝问道。

"一个13岁的聋哑男孩儿，他听不见世界上所有的声音，也不能用自己的语言表达自己的心声，他独自活在一个人的世界里。他没有太多的兴趣爱好，唯独对拉丁舞情有独钟。但是对于他来说，那简直是不可能的事，因为听不见音乐，便没有办法跳舞。

可是，他的努力证明了无声也可以舞蹈。他每天都要练3个小时以上的舞蹈，对着镜子，一遍又一遍。没有老师愿意教他，但他没有放弃，他仍然继续练习舞蹈，一次又一次跌倒，汗珠止不住地顺着脸颊淌下，打湿了眼眶，打湿了头发，打湿了衣服。

终于，他被一所艺术学院录取了。他知道只有更努力，梦才能更美。他在学校的努力是其他同学的一倍，不，甚至几倍。他每天练舞的时间也增加了几个小时，回家后，仍然对着镜子练。有时还会教自己的妈妈跳舞。由于他的努力，他成为班上最优秀的学员。他又代表学院参加了'国际拉丁舞大赛'，最终获得了青少年组的冠军。当他站在获奖台上时，他向全场观众鞠躬，台下响起了雷鸣般的掌声。他听不到掌声的热烈，但是他看见了，看见通过努力取得了属于自己的成绩。他也无法用言语表达，但他笑了，那就是他发表的获奖感言。"

"所以，你一有时间就到器材存放室练习钢琴，通过每次努力的积累，得到了今天的一切。"嘉萝十分惊讶。在她看来，这是一件很难办到的事。能够成为学校的公费交换生，学习成绩必须十分优异，才艺方面也要出类拔萃。如果平常不以学习文化课为主，成绩必然落后，这决定了陌沫要很好地平衡二者的时间去练习钢琴和学习文化课，而在没有足够时间练习的情况下，她竟然在文化课和才艺两方面都不落后于人，争取到学校的公费交换生名额，这真是一件不可思议的事情。

"其实我小的时候学过钢琴，但因为爸爸出事后家庭经济条件不允许便停止了学习……我们音乐老师看我有钢琴的基础，便指导了我许多。或许我有一点天赋，或许我有一点幸运，但这些都是建立在努力的基础上的。我一直相信，只要努力勤奋，我就会用努力改变我的命运，我的人生就会变得无比精彩。"陌沫坐到钢琴旁弹起了《致爱丽丝》。在美妙婉转的琴曲中，陌沫的周围仿佛有许多璀璨的光圈，那是努力的光芒。

努力，这个词并不陌生，它是我们生活中不可缺少的词汇；它说出来很容易，做起来却很难。有人说，"努力"与"拥有"是人生一左一右的两道风景。其实不对，人生最美的风景应该是努力。努力是人生的一种精神状态，是对生命的一种赤子之情。努力是拥有之母，拥有是努力之子。一心努力可谓条条大路通罗马，只想获取可谓道路逼仄，天地窄小。因此，与其规定自己一定要成为一个什么样的人物，获得什么东西，不如磨炼自己做一个努力的人。志向再高，没有了努力，志向也终难坚守；而没有远大目标，只要努力了，终会找到奋斗的方向。做一个努力的人，可以说是人生最切实际的目标，是人生最大的境界。正如陌沫说的："我一直相信，只要努力勤奋，我就会用努力改变我的命运，我的人生就会变得无比精彩。"

制订合理的理财计划

那是一个冬日的午后，阳光斜斜地照进教室，把刚吃完饭趴在课桌上的维珍暖暖地笼罩在一个光圈里。维珍不是在午睡，别看她闭着眼睛，实际她心里一直在打一个小算盘，盘算着这个月的零花钱攒了多少，哪些用于购买学习用品，哪些存进银行卡里，哪些用在……正噼里啪啦地算着，维珍的同桌猛地推开门，大喊道："维珍，看谁来信了！"

这一声喊惊醒了不少小憩中的同学，他们纷纷抬起好奇的小脑袋看向维珍。"谁来信了？难道是主席？"有的人调侃道。"那不可能，难道交男友了？早恋可不好哟，维珍。"

"你们都别瞎猜了，是我们帮助过的一个小姑娘来的信。"维珍甜甜地笑着，笼罩在她周围的光圈更大了，使维珍看起来就像一个天使。

"嚯！太了不起了！维珍。"同学们七嘴八舌地要求她讲一讲。

"也没什么，我只不过是把零花钱、压岁钱用理财的方式积攒起来，通过利滚利，积攒了一笔不小的'财富'，想用这笔'财富'做一点力所能及的事情，然后就帮助了一些人，就这样而已。"

大家对维珍说的"理财"很感兴趣，因为大部分同学觉得只有父母给的那点零花钱根本不够用，压岁钱不是被妈妈以存起来的名义"骗"走，就是还没出正月就被自己花了个精光，哪有闲钱像维珍一样去帮助贫困山区的儿童呢？同学们纷纷围过来要她必须讲个清楚，她是怎么成为"大款"的。大家的调侃弄得维珍都不好意思了。

维珍从小就是家里的小公主。长辈们十分疼爱她，因为娇生惯养，维珍衣来伸手、饭来张口，钱对她来说没有任何概念，每逢新春佳节，爸爸、妈妈、外婆、奶奶、亲朋好友总会给她许多压岁钱，喜欢什么她就拿这些钱去买。维珍只知道花钱，不懂得钱的来之不易，也不知道钱是长辈们用辛勤劳动换来的财富。直到有一天，她在报纸上看到了《现在的孩子》这篇文章，文章用许多例子描述了21世纪的孩子只懂花钱不懂赚钱、不会理财的现象。

"理财是什么意思？"维珍问妈妈。妈妈告诉她："理财就是学会管理自己的财务，将它支配得更加有意义。"从那开始，维珍对"理财"这两个字有了一个初步的认识。她反思了自己以前大手大脚乱花钱的坏习惯，觉得应该把钱用"理财"的方式存起来，去做一些更有意义的事情。

维珍首先写了一个详细的开支计划。哪些是必需品，哪些是不必要买的，除了买必需品的费用，剩余的钱都拿去银行存起来，本钱攒下了，还会有利息。维珍相信积少可以成多。积累的力量是巨大的，维珍存了几年后，惊讶地发现，她已经拥有了一笔对她来说不小的财富。她追求财富的信心增加了。

随后，维珍在妈妈的帮助下，制订了一个理财计划。爸爸说过，曾风靡一时的"穷爸爸富爸爸"的故事，其主要理念就是穷人之所以穷，是因为穷人没有投资意识，有了钱就消费，甚至借钱消费，而富人却把钱用于投资。因此，维珍把银行里的钱取出来进行了投资。经过慎重的考察和考虑后，她把银行的一部分钱取出来买了基金，一部分钱仍存在银行里，而最主要的是，日常生活中能不花钱的地方尽量不乱花。

维珍制订理财计划的时候被同桌看到，同桌也有样学样地跟她学起来，没想到也攒了不少钱。于是，她俩商量下一步——用这笔钱做更有意义的事情。她俩取出一些钱，通过红十字会等相关组织，向贫困的山区的孩子们赠送文具和书籍，然后取出更多的一部分，向南方受灾地区的朋友赠送。于是，就有了维珍和同桌收到远方来信的事情。虽然钱的数目不大，无法与那些大款明星们相比，但是她俩送出去的爱心却是满满的一箩筐。

今天，理财已成为一个很时尚的词，电视报纸上能看到，街谈巷议也总是能够频频遇到。你也许会想，我现在过着衣食无忧的生活，不缺财，而且本来无财，理什么？如果这样想，那你就错了，要知道，理财更重要的是一种思想，不管是有钱还是没有钱，都可以进行理财。维珍就是一个具有理财思想的人。俗语说："滴水汇成河，粒米汇成箩。"尤其是女孩儿，对生活充满幻想和激情，有一颗喜欢浪漫追求美丽事物的心，为此付出的代价是，经常花钱去买一些喜欢的却不是必需的东西。钱财就是这样从手边溜走的。如果把这些看起来零碎的钱存起来，就会发现，这笔钱的数量相当可观。如果把你认为微不足道的零花钱用于消费，多少年后你仍是一无所有。

　　你想不想在18岁以前就成为一个人人羡慕的"富婆"呢？那么快制订合理的理财计划，并培养勤俭节约的好习惯吧。

学会保护自己

可芯担心地问敏若："你真的要去见那个网友吗？如果他是坏人怎么办？"

敏若讳莫如深地一笑："见面那天你就知道了，你可要陪我去啊。"

"陪你去是没问题，可是……如果他是坏人，一定还有同伙，我们两个女孩子，仍然敌不过他们的。"可芯担心地说。

"安啦，见招拆招，本姑娘是什么人？本姑娘可是人见人爱、花见花开、狐狸见了都要躲开的敏若啊。"

"我知道，你比狐狸都狡猾！"可芯被敏若逗得笑起来，担心随之烟消云散。

原来，敏若迷上了网络聊天，认识了一个网友，叫"扑朔迷离"。呵，光看这网名就够值得人回味一阵子了，人也扑朔迷离，具体信息一律不详，只有一个性别：男。

两个人聊了有大半年了，彼此意趣相投，于是"扑朔迷离"提出要见面，敏若欣然答应。这可愁坏了好友可芯。不让敏若见吧，依敏若倔强的性格是不可能的；让敏若见吧，万一对方是坏蛋怎么办？偏偏地点还约在一个游人稀少的公园一角。

见面的日子到了，可芯跟敏若约好先在公园门口碰头，然后一起进去找"扑朔迷离"。眼看时间要到了，敏若却连个影子都没有。可芯东张西望，四处寻找。这时，一个颇有乡土气息、戴着粗粗的黑边眼镜、嘴角有个大黑痣、头发梳成两个羊角辫的姑娘拍了拍可芯的肩膀。可芯看了她一眼，问道："有什么事吗？""哈哈！是我啊！"羊角辫姑娘摘下黑边眼镜，眼睛看着可芯。可芯瞠目结舌，原来是乔装打扮的敏若。敏若本是长发飘飘、长得清秀可人的美丽女孩儿，如今这一打扮，脸上好像还抹了点黑色的粉，遇见的人多半会以为她是从乡下来的。原来敏若是要打"乔装试探"这张牌啊。可芯恍然大悟，跷起了大拇指："真有你的！敏若，这招高，实在是高。"

到了约定地点，有个穿着红色运动装的高个子男生正背对着她们。敏若向可芯示意，可芯便按照事前定好的计划藏匿在附近的灌木丛里，拿起手机对准了俩人，万一发生什么突发状况，好及时拍下对方的样貌作为证据。

"嗨！你就是'扑朔迷离'吗？"敏若主动向那个男生打了个招呼。男生高兴地转过身来，看到敏若这身打扮顿时呆若木鸡，而敏若和可芯也如雕像般瞬间石化，可芯从灌木丛里站起来说："怎么是你！毅风！"

毅风苦笑着说："敏若，还有可芯也来了。"

"我晕，你是我同桌，你还天天晚上上网跟我聊天，I服了You！"敏若摘下眼镜、黑痣，到洗手间洗了一把脸，恢复了本来面貌。

"其实，我只是想跟你开个玩笑，没想到……敏若，你别生气啊。"毅风连忙赔不是。

"算啦，大人有大量。对了，你在网上说，你有金庸武侠小说全集，真的全吗？借我看看吧。"敏若带头向湖心岛走去。

"真的，随时都可以借给你。你可是唯一一个跟我志趣相投的'网友'呢。"毅风连忙跟上。

可芯在后面对准了两个人的背影，咔嚓一声，青春定格在了这一瞬间。

一个人一生中会遇见很多人，谁可以做朋友，谁值得信任，都是女孩子必须深刻研究的。在现实的人际交往中，常常会出现旁观者清、当局者迷的现象。不要轻易相信他人的甜言蜜语，像网友这样在虚拟世界结交的朋友也不要轻易相信。另外，生活中还有一些事情需要注意：

比如说，你独自走在回家的路上，当有陌生人尾随时，千万不要慌，可以跑到人多的地方把"尾巴"甩掉；如果那人紧跟着不放，可以大声呼救，或者赶快去告诉警察。要注意，千万不能让陌生人尾随着回家，更不要逃到废弃的房屋、死胡同等没人的地方。

独自乘坐公共汽车，有人对你无礼，你要大声叫喊，千万不要害怕。你大声叫喊，坏人反而会害怕，就不会再纠缠你了。

作为一个女孩子，也要在生活的点滴中培养保护自己的能力。因为，父母、老师、亲友不可能时时刻刻在你身边保护，随着你慢慢长大，终究是要独立面对社会，面对生活中发生的一切。

你要确保自己的人身安全，不要把贵重物品随意显露出来，最好不要穿价格昂贵的服装、鞋子上学，更不要带太多的钱出门，不要独自去游戏厅玩，当心被不怀好意的人勒索钱财。

如果你在家学着炒菜时不小心使油锅着了火，你要迅速盖上锅盖或者放进已经切好的蔬菜，让火与空气隔离，千万不要往油锅里放水。

如果你外出游玩，也一定要注意安全，远离危险，不要让自己伤着、碰着。假如发生了意外，比如身上起火，你也不必惊慌，只要就地打几个滚儿，身上的火就会灭掉。

如果你发生骨折，要马上用凉水敷，不要用热水，以免血管扩张、红肿，最好还要用硬板固定住伤处，等着医生进行治疗。

作为女孩子，在18岁成人以前心智并不十分成熟，要学会保护自己，像敏若一样，遇事多思考，锻炼自己分辨是非的能力，凡事多长个心眼儿，避免上当受骗。

让爱照耀你我

初三的学习生活繁忙而紧张，同学们都在努力学习，暗暗比较着考试的名次。为了不在这样的学习氛围中被汹涌的巨浪冲倒，经过再三考虑，华云决定到书店多买几本难题、怪题的习题册做做，打倒众多竞争者，在中考中取得高分。

周六一个晴朗的中午，华云哼着欢快的小调坐上了去往书店的公交车，大约一小时后到了书店。

书店的人不是很多，她走到学习类书区，拿起一本习题册，翻了几下，马上有一种感觉扑面而来：真晕，这么难，数学要人命啊。"先去看一下其他好看的书放松放松。"华云暗暗想着，转身走出了学习类书区，来到文学类书区。忽然，一本书吸引了她的眼球，那不就是前天她在表妹家看到的那本村上春树的杂文集《无比芜杂的心绪》吗？她还没看完呢！顾不了习题册了，先

171

看这本书。

"你也喜欢看这本书？"一个清脆悦耳的声音从她背后传来。华云转身一看，一个比她矮的女孩儿站在背后，水汪汪的大眼睛正看着她手中的那本书。

"嗯。"华云回答了一声。

"还有没有一本？我也想看，因为我看过这本书的，这本书可好看了。"女孩儿露出两个浅浅的酒窝，很美。

"好像只有一本了。如果你真的想看，我这本给你看吧，反正我也要去买习题册。"华云说着，把书递给了女孩儿。女孩儿眼中露出喜悦的光芒，看得出她很喜欢这本书，但她还是把书重新推回华云的手里，说："还是你看吧。"说着，她又拿另外一本看了起来。过了好久，华云才把那本书看完，看了手表一眼，糟糕，都六点半了。她急忙放下那本书，走到学习类书区，拿起挑好的习题册打算走。走到书店门口，她为自己不带伞而后悔起来。外面已下起了瓢泼大雨。"这该死的坏天气，怎么办？再不回家，老妈要发飙了。"华云急得像热锅上的蚂蚁，一边咒骂着天气，一边退回到书店里看看有没有提供给客人的伞。

之前那个女孩儿已经买好书往外走，看到华云退回来，惊讶地问道："姐姐，你怎么又回来了？"华云说："外面下大雨了，我家很远，书店的伞已经被人拿光了，我要变成落汤鸡了。"女孩儿笑了笑，说："我可以把我的伞借给你啊。""真的吗？可是你只有一把伞，借给我……你怎么办？""没关系，我在这里等，我家比较近，妈妈看我不回家马上就会来接我的。""可是……"华云还是迟疑着。"别再说了，天都快黑了，你快回家吧。"女孩儿把伞递到华云的手里，推着华云往外走。华云想起可怕的老妈发飙的样子，便顺从地拿着伞急急地出门了。当她走到公交车站点才想起来，忘了问女孩儿怎么还伞了。她又匆忙地往书店跑，远远地看到女孩儿举起手中包书的塑料袋顶在头上，向雨中跑去，很快消失在瓢泼大雨的帘幕中。只有一个红色的蝴蝶结在雨中随风飘扬，那抹红像久违的红领巾那样好看。

女孩儿在成长的过程中，会受到许多人的关怀与爱护，让我们觉得自己是在幸福与快乐的天堂中成长。但是在面对这样的关怀与爱护时，也要记得随时去播种爱、传播爱给他人，其实这并不难。就像故事中的小女孩儿一样，虽然只是简简单单地赠了一把伞，但是有一种无私、伟大的爱在里面。

如果你看到别人有困难，请主动去帮助他，给别人帮助，别人就会感受到春的温暖，因为你在他心中播种了爱；回到家里，为爸爸取一下报纸，帮妈妈洗洗碗，给爷爷奶奶捶捶背。只要你处处为别人着想，让爱传递在你我他之间，美丽的笑颜就会在他们的脸上绽放，你就会成为让大家喜欢的女孩儿，幸福和快乐就会如影随形地守护着你。

别让学习的机会溜走

　　当莫樱捧着第N本英文小说啃读的时候，同桌问她，读英文原版书对学习英语帮助大吗？莫樱的回答是：帮助简直是太大了！她扎实的英语基础就是这么读出来的——手里捧一本英文书，把不会的生词都记在英文原版书的空白上，这样很快就学会了大量的单词，还可以培养英语的语感，后来大大小小的英语考试凭感觉就能答对。一开始当然是很累的，但是等她一次次遇到大量生僻单词想放弃，却又咬牙坚持下来以后，她发现再看英语书几乎不费什么力气了。

　　莫樱喜爱读英文原版书是源于一个生日礼物……

　　在莫樱很小的时候，妈妈总喜欢在餐桌上边吃饭边读书，她不知道妈妈看的书是什么内容，但妈妈看书时会散发一种奇特而知性的光辉，让莫樱的心深深沦陷在那种光辉里无法自拔。

后来的后来，她也养成了看书的习惯。

刚学汉字的时候，莫樱就比同龄的孩子认识更多的字。等同龄的孩子认识更多字的时候，她已经看了不少书。因此，逢年过节，莫樱得到的不少礼物里都有书籍的影子。

这次的生日着实让人惊喜，是爸爸到香港出差带回来的一套英文原版书。书名是世界最畅销小说之一的《哈利·波特》。

喜欢看书的人都知道，中文书从几毛钱、几块钱到几十块钱不等，而一本原版英文书的标价却会达到几百元。还在上学的莫樱不赚钱，怎么好意思让爸爸妈妈给她买呢。不知道爸爸怎么就摸透了莫樱的小心思，给了她这么大一个惊喜，让她感动得痛哭流涕，抱着爸爸一顿撒娇，顺便把鼻涕抹到他出差前新买的西服上了。爸爸看着被莫樱毁掉的西服，一副哭笑不得的样子，莫樱偷偷地伸了伸小舌头，捧着《哈利·波特》直奔卧室去了。

一套《哈利·波特》一个晚上当然看不完，意犹未尽的莫樱把书带去了学校，课间继续"享用"。放学回家写完作业又继续攻克英语生词的堡垒。

刚开始读得十分不顺畅，爱发言的妈妈说了，一定不要不懂就马上去查，这是学英语的大忌。正确的方法是看一本英文书，不会的词联系上下文猜测词意，当你发现这个词在这本书里已经出现了多次的时候，就说明这个词十分重要，这个时候再找词典把它查出来，牢牢记住！莫樱哼哈答应着，开动了她的小脑筋。

她在网上查到了一篇很有用的文章，里面专门整理了《哈利·波特》这套书的英语重点词汇，嘿嘿，莫樱得意地想，有这篇文章就等于掌握了先机，她在攻克英语城堡的大战中首先赢了第一回合。

英文原版书的旁边有很大一块空白，这绝对不是为了浪费钱，而是给读者一个可以写注释、小结和感想的地方。这对于莫樱这个英语半吊子来说，简直是太方便的设计了。有的单词注释在旁边，当再看到这个单词想不起来的时候，只要凭记忆翻到差不多的地方，就可以找到注解，不但掌握了单词的意思，还能加深语境的体会和一词多义的用法。

英文原版书的好处还在于非常形象化，书中常会有大量的图片来辅助说明现象，让莫樱对语义更进一步加深了印象。

当一整套书读下来以后，莫樱就感觉她是Harry James Potter（哈利·詹姆·波特），骑着扫帚在英语的王国里做了一个世界环游旅行。

爸妈问她，怎么样，一套书读下来累吗？

她响亮地回答：不！恰恰相反，她读得舒畅无比，再累也甘之如饴。

生僻的英语单词就是伏地魔，而莫樱就是那个坚韧的哈利·波特，哈利·波特在一套丛书的7个系列分故事里不断与伏地魔战斗，而莫樱也不断与生僻的英语单词斗争，最终他们共同取得了胜利。

这真是一件让人大喊痛快的事情。

旬子讲："锲而舍之，朽木不折；锲而不舍，金石可镂。"这句话充分说明了一个人如果有恒心，一些困难的事情便可以做到，没有恒心，再简单的事也做不成。

学习是一条漫长而艰苦的道路，不能靠一时激情，也不是熬几天几夜就能学好的，必须养成平时努力学习的习惯。莫樱这样总结：学习贵在坚持！只要寻找到一个学习的契机，千万别让它溜走，抓住它，并持之以恒，最终一定会收到意想不到的成果。

让想象帮助自己获得成功

　　韩初从小就不爱学习，尽管父母和老师多次对她说："学习不只有苦，还有甜，你要在学习的过程中多用心，不是有句话说'书中自有颜如玉，书中自有黄金屋'吗？学习会带给你无穷乐趣。"韩初不知道颜如玉是谁，也不知道黄金屋是什么概念，她只感觉到学习很痛苦，也猜不透学习有什么乐趣，更不明白其他同学怎么能若无其事地学习下去。学习对她而言，真的就是一种折磨。她尝试过努力学习，成绩马马虎虎，最高时在全班前30名内，之后就只低不高了。对于学习，她一直热衷不起来，觉得学习就是背着一座珠穆朗玛峰，压得她喘不过气。

　　父母常对她说，要好好读书，不然给他们丢脸；老师对同学们说，要好好读书，不然回家种田；同学们聊天时说，要好好读书，到时候考个好大学，然后就能找个好工作。韩初知道，在目

179

前这个阶段，学习对他们来说是最重要的事，但对学习兴趣缺失的她再如何努力也提高不了成绩。偏偏在烦躁的时候，父母又不理解她，对她大吼："下次再考不好就不要上什么网，学习这么差劲的人还好意思玩电脑！你屋里的电视整晚地开着，你到底有没有在学习？你能不能给父母争点气！"

韩初觉得很委屈。其实，她上网是因为父母曾经说过她太内向，一点交际能力都没有，以后步入社会会吃大亏。为了让父母高兴，也为了锻炼自己的交际能力，便上QQ和很多人聊天。韩初自己的房间很大，学习的时候总感觉房间里空荡得令人害怕，于是经常开着电视，不是为了看，而是为了让房间里多点人气。她没有因为上网和看电视而耽误学习，成绩上不去实在是因为她对学习非常打怵，在父母说她学习差劲，别人家的孩子学习如何好的时候，她的心凉了一半。当父母反复地责骂她后，韩初对学习的厌恶感达到了前所未有的程度。慢慢地，她开始放弃学习。最后，因为承受不了来自各方面的压力，不得不休学，调整自己的心态。

学习，的确不是一件轻松的事。但如果我们掌握了学习的诀窍，对学习产生了兴趣，学习就不再是一件难事。

美国实用主义哲学家、教育家杜威把兴趣看成学习的原动力。许多科学家取得伟大成就的原因之一，就是他们对自己所作的工作具有浓厚的兴趣。

1828年的一天，在伦敦郊外的一片树林里，一个大学生围着一棵老树转悠。突然，他发现在将要脱落的树皮下，有虫子在里边蠕动，便急忙剥开树皮，发现了两只奇特的甲虫，正急速地向前爬去。他马上把它们抓在手里，兴奋地观看起来。

正在这时，树皮里又跳出一只甲虫，大学生措手不及，把手里的甲虫藏到嘴里，伸手又把第三只甲虫抓到。看着这些奇怪的甲虫，大学生爱不释手，只顾得意地欣赏手中的甲虫，嘴里的那只甲虫放出一股辛辣的毒汁，把这大学生的舌头蜇得又麻又痛。他这才想起口中的甲虫，张口把它吐到手里。

然后，他不顾口中的疼痛，兴冲冲地向市内的剑桥大学走去。这个大学生就是查理·达尔文。后来，人们为了纪念他首先发现的这种甲虫，就把它命名为"达尔文"。

如果你对大自然、对生物不感兴趣，一定会想，几只虫子有什么好看的？更不会把它们放进嘴巴里。但达尔文可以，因为他对生物非常感兴趣，兴趣让他忘乎所以。

如果有权利选择做自己感兴趣的事情最好。如果有些事你不怎么感兴趣，但必须去做，那么为什么不培养自己对它的兴趣呢？我们可采取以下方法让自己对学习产生兴趣。

1.积极期望

积极期望就是从改善我们的心理状态入手，对自己不喜欢的学科充满信心，相信该学科是非常有趣的，自己一定会对这门学科产生信心。想象中的"兴趣"会推动你认真学习该学科，从而对此学科真正感兴趣。比如，如果你对地理毫无兴趣，那么不妨做这样的练习："我喜欢你，地理！"重复几遍之后，相信结果会有所改变。

2.培养自我成功感，以培养直接的学习兴趣

在学习的过程中，每取得一个小的成功，就进行自我奖赏，达到一个目标，就给自己一点奖励。

3.保持兴趣最容易的方法是不断地提问题

当你为回答或解答一个问题而去读书时，你的学习就带有目的性，就有了兴趣。准备一些问题是很容易的，把每节的标题改成问题就是了。例如学习阿基米德定律时，你可以问自己：阿基米德定律的内容是什么？它是怎样被发现的……为了回答这些问题，一开始你是强迫自己详细看下去的，但是，一旦你真正地往下看时，你就会被吸引住。

4.想象学习成功后的情景，激发学习兴趣

当我们满腔热情地去做任何一件事之前，一般都对它的结果有了预期的想象，从而激励自己坚持去做这件事情。例如你想象某个电影非常好看才促使你去看，假如你事先想象这个电影不好看，那么你一定不去看。你可以想象自己的考试成绩优秀，可以顺利进入大学，为家庭为社会做出贡献，为个人带来好的前程。也可以想象自己考试成绩优秀，得到老师、家长的赞扬，得到同学们的羡慕等，从而激发学习兴趣，让想象帮助自己获得成功。

养成读书的好习惯

　　暑假里的一天，乔歌的同桌给她打电话说，他建立了一个QQ读书群，邀请同学们都进群，然后郑重地说："一定要来啊！"乔歌随口答应了。

　　第二天，乔歌按照往常的习惯拿起书准备读的时候，才想起同桌来电话的事。马上按号码找到了这个QQ群，群的签名上写着："一个目标，一种信念，一份坚持。""嘿！这小子还挺会写，这签名不错，进去看看吧。"乔歌点了申请加入，很快群主就批准了。乔歌又点开群介绍，上面写着：读书能为我们开启探究过去、现在、未来奥秘的大门；读书还能引发高雅的谈话，能培养高尚的情感及思维的深度；读书还能使我们关注生活，重视生命意义。因此，读书是协助我们大家成长的重要方法。本群建立的初衷主要是让一些喜欢读书的人聚在一起，互相交流经验，培养读书的好习惯，共同进步。多读书，读好书。

"咦？平时也没看出这家伙有读书的兴趣啊。"乔歌纳闷着，然后在QQ群里打了个招呼："嗨，同学们，大家都在吗？"

"就差你了！"同学们纷纷打字回应她。

"啊？"乔歌在群里打了个问号表情。

"嘿嘿，那什么，我亲爱的同桌……"群主——也就是乔歌的同桌发言了。"咱班主任放假前不是留个暑假作业吗？让咱们在假期里读一本好书，然后写个读书报告，回头还要根据报告提问书里的情节。那天我们聚在一起就提到这件事了，大家都说，这可真是要命了，本以为抄个内容简介就完事了呢，可是要提问就得真读这本书啊，可是像我一样一看书就困或者看不下去的人太多了。怎么办呢？我想来想去就想到你了，你总在课间捧本书看，一副乐在其中的样子。我就特意建了这个群，想请你来做读书指导，指导一下大家，怎么能把书读下去。"

乔歌笑了，原来这家伙醉翁之意不在酒啊。她说："群签名上不是写了吗？其实读书贵在坚持。"

"我坚持每天吃饭、睡觉了。"有同学调侃道。

其他人发出一片嘘声。

"你是怎么坚持读书的？"有人问乔歌。

"呵呵……虽然'坚持'说起来容易，做起来可就难了。有人说，凡事你能做到坚持，那成功便会属于你。我坚信这一点。"乔歌得意地回答。

"快给我们分享一下坚持大法吧。"有人提议。

"好，坚持读书的秘诀其实在于首先要培养一个良好的读书习惯。"

乔歌装起了老学究，在网上给同学们上起课来，告诉他们如何能够培养读书的好习惯，从而轻松地就能完成这个其实并不难的作业，秘诀就是坚持每天读书30分钟。

首先，培养读书习惯的前提——读书一定要挑好书读。现在，无论是在哪里的人，都在追求着：减肥，做事决不拖延，多多运动，读更多的书……这些目标。确实如此，阅读一本好书能让人获得极大的满足感，它能教会我们如何超越自己，它会使我们如此真切地感觉到书中那些人物，仿佛他们一个个就在我们的身边。要知道，读一本好书，真是一件十分惬意的事情。但如果这是一本劣质的书，或是生涩难懂的，你最好还是先跳过它，因为这实在是令人讨厌的工作。定期淘汰这些令人生厌的面孔，仅仅把你喜欢的留下来。

其次，有成千上万种方法能帮大家养成读书的好习惯，只要有决心、有信心。你可以试试下面的这些方法，对于培养读书习惯一定很有帮助：

1.给自己制订一个读书的计划。首先，你要给自己制订一个读书的计划，而实行计划最重要的一点就是抽出一点时间。无论多忙，其实你每天都可以找出小段的时间来读书，理想的最短时间是30分钟。

2.挑选自己感兴趣的书来读。感兴趣是培养读书最重要的一点，挑好了书以后，还要记住，无论你去哪里，都别忘记带上这本书，有时间就看一眼。

3.做一个读书的清单。做一个列表——上面是你想读的书的清单。看到了一本好书，马上加进去；哪本书你已经读过了，就划掉。

4.找一个合适的或者安静的地方读书。找一个合适的环境，比如：图书馆，这样的地方有一群人可以用他们的行为来影响你。或者找一个安静的地方，在自己家里找个地方，要有一把舒服的椅子（别躺在上面，除非你想睡觉）。在这里你可以成为一只书虫，没有任何打扰的。椅子周围没有电视，没有电脑，没有娱乐设备，没有音乐，没有家人、没有室友打搅你，只有你自己。如果没有条件，就想办法创造条件。

5.减少上网和看电视的时间。如果你真想看书，还是别看电视和上网了。

6.每天完成读书计划时，都给自己一个好的评价，自我鼓励。

"好了，基本上培养读书习惯就是以上几个秘诀了，建议大家找一些真正吸引我们的书，这样会使我们一直保持读书的动力。让读书成为习惯，对于提高自己的认知和思考不无裨益，不过在这个让人眼花缭乱的信息时代，一定要把握好浅读书和深读书的平衡，才不至于被书海淹没。即使这些书不是文学名著，我们也同样想读，这是我们的目标所在。养成了读书的习惯之后，每天读书30分钟简直是轻而易举的事情。到那个时候，读书会变成一种享受，而坚持就不需要刻意去执行了，因为享受，所以坚持。尤其是我们女孩儿，更应该养成读书的好习惯。一直很欣赏一句诗：'胸藏文墨虚若骨，腹有诗书气自华。'一个人书读多了，身上自然会带一股书卷之气，就会自然而然受书本的影响，言谈举止间流露出读书人所特有的气质，或温雅或脱俗，或不卑不亢，或典雅大方；一个人见识深广，学识渊博，会由内而外散发一种独特的气质，那是浓妆艳抹不来的，是乔装打扮办不到的，它是一种在优良品德的前提下，一种深沉的内涵，一种闪光的思想，一种璀璨的光芒。满腹经纶，是一种思想的净化、精神的升华。"乔歌说，"最后有一句话跟大家共勉，不记得是谁说的了：'一个人如果不读书、不文艺，实际上他就从未青春过。'"

同学们纷纷发了一个竖起大拇指的QQ表情。

抓住学习的黄金时间

"虽然说现在的社会更注重能力，而不是学历，但是放眼看现实生活中多少招聘广告上写着'需大学本科以上学历'，又有多少用人单位明文要求'请携带学历或学位证面试'。大学学历在一定程度上来说，是进入社会的一块敲门砖。考大学是人生重要的一个转折点，高考成功意味着一所好大学，意味着四年良好的教育、一份出色的学历、更多更好的机遇、更高的薪水，意味着更广阔的世界和更美好的人生……"楚晗妈妈苦口婆心地教育楚晗。

楚晗低着头给好友发了条微信：我妈又开始训我了，一时半会儿走不开。

随着啄木鸟的叫声响起，新信息来了：快点儿啊，公会的人差不多来齐了，马上要准备打本儿了，就差你了，作为游戏的主力，你不来可不行，会长要发飙了！

楚晗发了个无奈的表情：没办法啊，我老妈跟《哆啦A梦》里大雄的妈妈一样，不说上一两个小时，不会完事，谁让我这次期末考试的成绩下降了呢。

刚要点发送键，楚晗妈妈发现了楚晗的小动作。"楚晗！"一个"河东狮吼"立刻把楚晗吓得手一抖，手机掉到了地毯上。

"妈……"楚晗一脸的哀戚表情，"都放假了，你就让我玩一会儿嘛。我再不赶紧登录游戏，人家以后就不带我玩了，我们约好现在这个时间去打团队副本的，老妈，等我有空再训我好吗？"

"你还敢提你的游戏，你知不知道就是因为玩游戏，你的成绩才下降的！你知不知道就是因为玩游戏，你的人生即将毁于一旦，你知不知道……在18岁以前的这段时间，是学习的黄金时间，它将决定你的人生和命运，知道吗？你有没有在听，回答我！"楚晗妈妈的训词如滔滔江水连绵不绝。

"亲爱的妈妈，富翁李嘉诚先生14岁就辍学择业，连初中学历都没有，但他仍然学识渊博、才智卓绝，这事广为人知。我认为学习并不是主要的，应该学中玩，玩中学嘛，您说是不是？"楚晗眨了眨大眼睛，望着妈妈。

"不要拿什么李嘉诚来辩驳。你以为我不知道？李嘉诚说过：'少年时期学到的知识弥足珍贵，它令我终身受益。'而且我还知道，1989年6月，加拿大卡尔加里大学授予李嘉诚名誉法学博士学位；1992年4月28日，北京大学授予李嘉诚名誉博士学位；在同龄人含饴弄孙的时候，五十多岁的李嘉诚却在苦学英文；当年近七旬的老人寄情山水或者打麻将的时候，七十多岁的李嘉诚却学起了电脑……这就是赢得'经济超人'美誉的李嘉诚为什么连初中学历都没有却学识渊博的真正原因。现在，是知识经济时代，知识能更深远地改变我们的命运。除去运气的因素，一个人的命运改变主要就是靠他的真才实学。

"你作为一个学生，可以说学习是你的天职。在18岁以前，你有专门学习的黄金时间，它们一旦失去就再也找不回来了。要不然李嘉诚也不会有那样的感慨！赶紧把握眼前的时光，为理想中的大学而努力学习，这是你的权利，也是你对人生的义务！我知道你的学习压力很大，所以一开始我没有阻拦你玩游戏，我以为你能掌控好学习和娱乐，知道孰轻孰重，但是我想错了，现在的你，仍然处在没有自制力的年龄段，你根本分配不好学习和娱乐的时间比例。你跟李嘉诚比，差太多了。"

楚晗再也不敢说一个"不"字。她说一句话，妈妈有一百句话反驳她。楚晗没想到老妈对知识涉猎范围广泛，对李嘉诚的经历竟然了如指掌，老妈的渊博知识彻底打败了她。她知道，这个学期因为迷恋网络游戏，她的成绩下降了很多，她清楚地明白，现在是学习的黄金时间，如果不抓住这段时间好好努力地学习，真的会有后悔的那一天。难道她要像李嘉诚那样失去了学习的黄金时间，而一辈子都在感慨遗憾吗？不！她决心戒掉网游，一心一意扑到学习上去，等到考上一个好大学再考虑玩的事情吧。

楚晗在微信的群聊界面发了个"再见，我的战友们，大学见"，然后退出了群聊。

18岁以前是学习的黄金时间，学会科学统筹时间，根据大脑活动的特点和规律，掌握用脑的"黄金时间"，在大脑活动功能最好的时间学习，可取得最佳的学习效果。

在不同时间内，一个人的学习能力，包括记忆力、注意力、想象力及逻辑思维能力等，并不是一成不变的，这就要求我们首先了解自己一天当中的身心状况，何时最佳，何时最差，何时最适宜做什么。根据个人的性格、心情和生物钟，根据各类事物的特点(学习、工作、娱乐或做其他事情)，从而找出自己每天学习的黄金时间，对学习做出最恰当的选择和安排。而每一天的黄金时间段分为四个学习的高效期，如果使用得当，可以轻松自如地掌握、消化和巩固知识。

第一个学习高效期：清晨起床后。大脑经过一夜的休息，消除了前一天的疲劳，此刻无论看还是记印象都会很清晰，是一个学习记忆高效期。

第二个学习高效期：上午8点至10点。人的精力充沛，大脑易兴奋，严谨而周密的思考能力、认知能力和处理能力较强，此刻是攻克难题的大好时机，应充分利用。

第三个学习高效期：晚上6点至8点。不少人利用这段时间来回顾、复习全天学过的东西，加深印象，分门别类地归纳整理，也是整理笔记的黄金时机。

第四个学习高效期：入睡前一小时。利用这段时间来加深印象，特别对一些难于记忆的东西加以复习，则不易遗忘。